3D 打印技术丛书

丛书主编　沈其文　王晓斌

三维测量技术及应用

主编　李中伟

参编　何万涛　钟　凯　易　杰　陈义明　易子川

　　　姚善良　彭安心　金鹏飞　赖新辉　马春雨

　　　刘翔武　郑新明　毕超东

U0378715

西安电子科技大学出版社

内 容 简 介

本书共 7 章,主要内容包括:3D 打印技术概述,工件 3D 打印数字模型建立,常用测量方法及设备简介,面结构光三维测量技术原理,面结构光三维测量设备原理及操作,三维测量与数据处理实例,3D 技术的发展方向及应用案例分析。

本书以论述面结构光三维测量技术为主,介绍与之相关的正逆向 3D 打印建模,并以 PowerScan 系列蓝光三维测量设备为例,详细介绍了设备操作及数据处理方法。

本书可作为高等院校机械工程专业、材料工程专业、职业教育制造工程类相关专业的教材与参考书,以及产品开发和制造业技术人员的参考书,亦可供关心制造技术发展的不同领域、不同行业的人员和学生阅读。

图书在版编目(CIP)数据

三维测量技术及应用/李中伟主编. —西安:西安
电子科技大学出版社,2016.9(2022.7 重印)
3D 打印技术系列丛书
ISBN 978 - 7 - 5606 - 4283 - 3

Ⅰ. ① 三⋯　Ⅱ. ① 李⋯　Ⅲ. ① 三维—测量技术　Ⅳ. ① TB22

中国版本图书馆 CIP 数据核字(2016)第 217040 号

策　划　陈　婷
责任编辑　马　琼　陈　婷
出版发行　西安电子科技大学出版社(西安市太白南路 2 号)
电　话　(029)88202421　88201467　邮　编　710071
网　址　www.xduph.com　　　电子邮箱　xdupfxb001@163.com
经　销　新华书店
印刷单位　广东虎彩云印刷有限公司
版　次　2016 年 9 月第 1 版　2022 年 7 月第 2 次印刷
开　本　787 毫米×960 毫米　1/16　印　张　14.5
字　数　257 千字
印　数　2001~2500 册
定　价　52.00 元

ISBN 978 - 7 - 5606 - 4283 - 3/TS

XDUP 4575001 - 2

序

  3D 打印技术又称为快速成形技术或增材制造技术，该技术在 20 世纪 70 年代末到 80 年代初期起源于美国，是近 30 年来世界制造技术领域的一次重大突破。3D 打印技术是光学、机械、电气、计算机、数控、激光以及材料科学等技术的集成，它能将数字几何模型的设计迅速、自动地物化为具有一定结构和功能的原型或零件。3D 打印技术改变了传统制造的理念和模式，是制造业最具有代表性的颠覆技术。3D 打印技术解决了国防、航空航天、交通运输、生物医学等重点领域高端复杂精细结构关键零部件的制造难题，并提供了应用支撑平台，有极为重要的应用价值，对推进第三次工业革命具有举足轻重的作用。随着 3D 打印技术的快速发展，其应用将越来越普及。

  在新的世纪，随着信息、计算机、材料等技术的发展，制造业的发展将越来越依赖于先进制造技术，特别是 3D 打印制造技术。2015 年国务院发布的《中国制造 2025》中，3D 打印技术及其装备被正式列入十大重点发展领域。可见，3D 打印技术已经被提升到国家重要战略基础产业的高度。3D 打印先进制造技术的发展需要大批创新型的人才，这对工科院校、特别是职业技术院校及职业技校学生的培养提出了新的要求。

  我国 3D 打印技术正在快速成长，其应用范围不断扩大，但 3D 打印技术的推广与应用尚在起步阶段，3D 打印技术人才极度匮乏，因此，出版一套高水平的 3D 打印技术系列丛书，不仅可以让最新的学术科研成果以著作的方式指导从事 3D 打印技术研发的工程技术人员，以进一步提高我国"智能制造"行业技术研究的整体水平，同时对人才培养、技术提升及 3D 打印产业的发展也具有重大意义。

  本丛书主要介绍 3D 打印技术原理、主流机型系列的工艺成形原理、打印材料的选用、实际操作流程以及三维建模和图形操作软件的使用。本丛书共五册，分别为：《液态树脂光固化 3D 打印技术》（莫健华主编）、《选择性激光烧结 3D 打印技术》（沈其文主编）、《黏结剂喷射与熔丝制造 3D 打印技术》（王运赣、王宣主编）、《选择性激光熔化 3D 打印技术》（陈国清主编）、《三维测量技术及应用》(李中伟主编)。

　　本丛书由广东奥基德信机电有限公司与西安电子科技大学出版社共同策划，由华中科技大学自 20 世纪 90 年代末就从事 3D 打印技术研发并具有丰富实践经验的教授，结合国内外典型的 3D 打印机及广东奥基德信机电有限公司的工业级 SLS、SLM、3DP、SLA、FFF(FDM)3D 打印机和三维扫描仪等代表性产品的特性以及其他各院校、企业产品的特性进行编写，其中沈其文教授对每本书的编写思路、目录和内容均进行了仔细审阅，并从整体上确定全套丛书的风格。

　　由于编写时间仓促，且要兼顾不同层次读者的需求，本书涉及的内容非常广泛，丛书中的不当之处在所难免，敬请读者批评指正。

编　者

2016 年 6 月于广东佛山

前　言

三维测量技术是增量（材）制造技术体系的重要组成部分，可用于制造前期的逆向设计和制造后期的精度检测。在现有的三维测量技术中，面结构光三维测量技术由于具有测量速度快、测量精度高等优势，成为目前最为先进的三维测量技术之一。

华中科技大学快速制造中心从 2001 年开始，在国家科技支撑计划、欧盟框架七项目、国家自然科学基金、湖北省自然科学基金创新群体和博士后科学基金等多项国家与省部级科研项目的资助下，完成了相位计算、系统参数标定、全局误差控制和高速计算模式构建等多项关键技术的研究工作，研发了具有完全自主知识产权的 PowerScan 系列面结构光三维测量系统，获国内及国际多项发明专利，并实现了产业化，目前已在国防、航空航天、汽车、铁路、电力、生物医学、文物数字化、教学等领域得到了广泛应用。

本书对多种三维建模方法、三维测量原理与方法、面结构光三维测量技术及操作方法、三维测量与数据处理等方面的知识进行了全面系统的论述。全书共分为 7 章，第 1 章 3D 打印技术概论；第 2 章论述了 3D 建模方法，主要分为正向工程、逆向工程和正逆向混合设计；第 3 章论述了现有的多种三维测量原理、方法及测量设备现状，主要包括接触式测量和非接触式测量；第 4 章介绍了面结构光三维测量技术原理；第 5 章介绍面结构光三维测量设备原理及操作，主要介绍 PowerScan 系列快速三维测量系统的操作方法，包括系统简介、系统操作指南、系统安装方法、软件界面介绍和系统操作说明；第 6 章介绍了三维测量与数据处理实例，主要包括扫描流程和数据处理方法，处理后的数据可直接应用于 3D 打印；第 7 章介绍了 3D 打印技术的发展方向，并对部分典型的应用案例进行分析。

在本书的内容安排上，我们以近十几年来三维测量技术领域的科研成果为基础，同时兼顾了不同知识背景读者的需求，既保证内容新颖，能反映最新研究成果，又有理论知识探讨和实际应用实例分析。因此，本书既可供不同领域的工程技术人员阅读，也可作为相关专业在校师生的参考书。

本书凝结了华中科技大学快速制造团队的有关科研成果，这些成果是由上百人经过几十年的长期坚持研究而取得的，本书作者只是该研究团队中从事三维测量技术研究的部分代表。因此，成书之际，衷心地感谢华中科技大学快速制造团队的各位教师、工程技术人员和历届研究生长期不懈的辛勤工作！衷心地感谢科技部、教育部、湖北省、武汉市等部门对此项目的资助，衷心地感谢中国科学院出版基金的资助，也向为本书出版作出贡献的所有人员表示感谢！本书在撰写的过程中，参考了相关的研究成果和论文，在此向这些同行表示感谢！

由于本书中部分内容是我们的最新研究成果，且有些研究工作还在继续，我们对该技术的认识还在不断深化之中，对一些问题的理解还不够深入，加之作者的学术水平和知识面有限，因此书中的不足之处在所难免，殷切地期望同行专家和读者批评指正。

李中伟

2016 年 3 月于华中科技大学

目　　录

第 1 章　3D 打印技术概述

　　3D 打印技术改变了传统制造的理念和模式，是制造业有代表性的颠覆技术，也是近 30 年来世界制造技术领域的一次重大突破。3D 打印技术解决了国防、航空航天、机械制造、交通运输、生物医学等重点领域关键零部件的制造难题，并提供了应用支撑平台，有极为重要的应用价值，对推进第三次工业革命具有举足轻重的作用。随着 3D 打印技术的快速发展，其应用将越来越普及。

1.1　3D 打印技术简介

1.1.1　3D 打印技术的概念

　　机械制造技术大致分为如下三种方式：

　　(1) 减材制造：一般是用刀具进行切削加工或采用电化学方法去除毛坯中不需要的材料，剩下的部分即是所需加工的零件或产品。

　　(2) 等材制造：利用模具成形，将液体或固体材料变为所需结构的零件或产品。铸造、锻压等均属于此种方式。

　　减材制造与等材制造均属于传统的制造方法。

　　(3) 增材制造：也称 3D 打印，是近 20 年发展起来的先进制造技术，它无需刀具及模具，是用材料逐层累积叠加制造所需实体的方法。

　　3D 打印 (Three Dimensional Printing, 3DP) 技术在学术上又称为"添加制造"(Additive Manufacturing, AM) 技术，也称为增材制造或增量制造。根据美国材料与试验协会 (ASTM) 2009 年成立的 3D 打印技术委员会 (F42 委员会) 公布的定义，3D 打印技术是一种与传统材料加工方法截然相反的，基于三维 CAD 模型数据并通过增加材料逐层制造的方式，是一种直接制造与数学模型完全一致的三维物理实体模型的制造方法。3D 打印技术内容涵盖了与产品生命周期前端的"快速原型"(Rapid Prototyping, RP) 和全生产周期的"快速制造"(Rapid Manufacturing, RM) 相关的所有工艺、技术、设备类别及应用。

3D 打印技术在 20 世纪 80 年代后期起源于美国，是最近 20 多年来世界制造技术领域的一次重大突破。它能将已具数学几何模型的设计迅速、自动地物化为具有一定结构和功能的原型或零件。

分层制造技术 (Layered Manufacturing Technique, LMT)、实体自由制造 (Solid Freeform Fabrication, SEF)、直接 CAD 制造 (Direct CAD Manufacturing, DCM)、桌面制造 (Desktop Manufacturing, DTM)、即时制造 (Instant Manufacturing, IM) 与 3D 打印技术具有相似的内涵。3D 打印技术获得零件的途径不同于传统的材料去除或材料变形方法，而是在计算机控制下，基于离散/堆积原理采用不同方法堆积材料最终完成零件的成形与制造。从成形角度看，零件可视为由点、线或面叠加而成。3D 打印就是从 CAD 模型中离散得到点、面的几何信息，再与成形工艺参数信息结合，控制材料有规律、精确地由点到面，由面到体地堆积出所需零件。从制造角度看，3D 打印根据 CAD 造型生成零件的三维几何信息，转化为相应的指令后传输给数控系统，通过激光束或其他方法使材料逐层堆积而形成原型或零件，无需经过模具设计制作环节，极大地提高了生产效率，大大降低了生产成本，特别是极大地缩短了生产周期，被誉为制造业中的一次革命。

3D 打印技术集中体现了 CAD、建模、测量、接口软件、CAM、精密机械、CNC 数控、激光、新材料和精密伺服驱动等先进技术的精粹，采用了全新的叠加成形法，与传统的去除成形法有本质的区别。3D 打印技术是多种学科集成发展的产物。

3D 打印不需要刀具和模具，利用三维 CAD 模型在一台设备上可快速而精确地制造出结构复杂的零件，从而实现"自由制造"，解决传统制造工艺难以加工或无法加工的局限性，并大大缩短了加工周期，而且越是结构复杂的产品，其制造局限性的改善越明显。近 20 年来，3D 打印技术取得了快速发展。3D 打印制造原理结合不同的材料和实现工艺，形成了多种类型的 3D 打印制造技术及设备，目前全世界 3D 打印设备已多达几十种。3D 打印制造技术在消费电子产品、汽车、航空航天、医疗、军工、地理信息、建筑及艺术设计等领域已被大量应用。

1.1.2　3D 打印技术的发展史

3D 打印技术的发展起源可追溯至 20 世纪 70 年代末到 80 年代初期，美国 3M 公司的 Alan Hebert (1978 年)、日本的小玉秀男 (1980 年)、美国 UVP 公司的 Charles Hull (1982 年) 和日本的丸谷洋二 (1983 年) 四人各自独立提出了 3D 打印的概念。1986 年，Charles Hull 率先提出了光固化成形（Stereo Lithography Apparatus, SLA），这是 3D 打印技术发展的一个里程碑。同年，他创立了世界上第一家 3D 打印设备的 3D Systems 公司。该公司于 1988 年生产出了世界上第一台 3D 打印机 SLA-250。1988 年，美国人 Scott Crump 发明了另外一种 3D 打印技术——熔融沉积成形（Fused Deposition Modeling, FDM），并成立了 Stratasys 公司。现在根据美国材料与试验协会（ASTM）2009 年成立的 3D 打印技术委员会（F42 委员会）公布的定义，该种成形工艺已重新命名为熔丝制造成形（Fused Filament Fabrication, FFF）。1989 年，C. R. Dechard 发明了选择性激光烧结成形（Selective Laser Sintering, SLS）。1993 年麻省理工大学教授 EmanualSachs 发明了一种全新的 3D 打印技术（Three Dimensional Printing, 3DP）。这种技术类似于喷墨打印机，通过向金属、陶瓷等粉末喷射黏结剂的方式将材料逐片成形，然后进行烧结制成最终产品。这种技术的优点在于制作速度快，价格低廉。随后，Z Corporation 获得了麻省理工大学的许可，利用该技术来生产 3D 打印机，"3D 打印机"的称谓由此而来。此后，以色列人 Hanan Gothait 于 1998 年创办了 Objet Geometries 公司，并于 2000 年在北美推出了可用于办公室环境的商品化 3D 打印机。

近年来，3D 打印有了快速的发展。2005 年，Z Corporation 发布 Spectrum Z510，这是世界上第一台高精度彩色添加制造机。同年，英国巴恩大学的 Adrian Bowyer 发起开源 3D 打印机项目 RepRap，该项目的目标是做出"自我复制机"，通过添加制造机本身，能够制造出另一台添加制造机。2008 年，第一版 RepRap 发布，代号为"Darwin"，它的体积仅一个箱子大小，能够打印自身元件的 50%。2008 年，美国旧金山一家公司通过添加制造技术首次为客户定制出了假肢的全部部件。2009 年，美国 Organovo 公司首次使用添加制造技术制造出人造血管。2011 年，英国南安普敦大学工程师打印出了世界首架无人驾驶飞机，造价 5000 英镑。2011 年，Kor Ecologic 公司推出世界上第一辆从表面到零部件都由 3D 打印机打印制造的车"Urbee"，Urbee 在城市时速可达 100 英里（注：1 英里≈1.609 千米），而在高速公路上则可飙升到 200 英里，汽油和甲醇都可以作为它的燃料。2011 年，I. Materialis 公司提供以 14K 金和纯银为原材料的 3D 打印服务。随后还有新加坡的 KINERGY 公司、日本的 KIRA 公司、英国 Renishaw 等许多公司加入到了 3D 打印行业。

国内进行 3D 打印制造技术的研究比国外晚，始于 20 世纪 90 年代初，清华大学、华中科技大学、北京隆源自动成形有限公司及西安交通大学先后于 1991—1993 年间开始研发制造 FDM、LOM、SLS 及 SLA 等国产 3D 打印系统，随后西北工业大学、北京航空航天大学、中北大学、北方恒立科技有限公司、湖南华曙公司、上海联泰公司等单位迅速加入 3D 打印的研发行列之中，这些单位和企业在 3D 打印原理研究、成形设备开发、材料和工艺参数优化研究等方面做了大量卓有成效的工作，有些单位开发的 3D 打印设备已接近或达到商品化机器的水平。

随着工艺、材料和装备的日益成熟，3D 打印技术的应用范围不断扩大，从制造设备向制造生活产品发展。新兴 3D 打印技术可以直接制造各种功能零件和生活物品，可以制造电子产品绝缘外壳、金属结构件、高强度塑料零件、劳动工具、橡胶制件、汽车及航空高温用陶瓷部件及各类金属模具等，还可以制造食品、服装、首饰等日用产品。其中，高性能金属零件的直接制造是 3D 打印技术发展的重要标志之一，2002 年德国成功研制了选择性激光熔化 3D 打印设备 (Selective Laser Melting, SLM)，可成形接近全致密的精密金属制件和模具，其性能可达到同质锻件水平，同时电子束熔化 (Electron Beam Melting, EBM)、激光近净成形等技术与装备涌现了出来。这些技术面向航空航天、武器装备、汽车/模具及生物医疗等高端制造领域，可直接成形复杂和高性能的金属零部件，解决一些传统制造工艺难以加工甚至无法加工的零部件制造难题。

美国《时代》周刊曾将 3D 打印制造列为"美国十大增长最快的工业"。如同蒸汽机、福特汽车流水线引发的工业革命，3D 打印是"一项将要改变世界的技术"，已引起全球的关注。英国《经济学人》杂志指出，它将"与其他数字化生产模式一起，推动并实现第三次工业革命"，认为"该技术将改变未来生产与生活模式，实现社会化制造"。每个人都可以用 3D 打印设备开办工厂，这将改变制造商品的方式，并改变世界经济的格局，进而改变人类的生活方式。美国总统奥巴马在 2012 年提出了发展美国、振兴制造业计划，启动的首个项目就是"3D 打印制造"。该项目由国防部牵头，众多制造企业、大专院校以及非营利组织参加，其任务是研发新的 3D 打印制造技术与产品，使美国成为全球最优秀的 3D 打印制造中心，使 3D 打印制造技术成为"基础研发与产品研发"之间的纽带。美国政府已经将 3D 打印制造技术作为国家制造业发展的首要战略任务予以支持。

3D 打印象征着个性化制造模式的出现，在这种模式下，人类将以新的方式合作来进行生产制造，制造过程与管理模式将发生深刻变革，现有制造业格局必将被打破。当前，我国制造业已经将大批量、低成本制造的潜力发挥到极致，未来制造业的竞争焦点将会由创新所主导，3D 打印技术就是满足创新开发的有力工具，3D 打印技术的应用普及程度将会在一定程度上表征一个国家的创新能力。

1.1.3 3D 打印技术的特点和优势

1. 制造更快速、更高效

3D 打印制造技术是制作精密复杂原型和零件的有效手段。利用 3D 打印制造技术由产品 CAD 数据或从实体反求获得的数据到制成 3D 原型，一般只需几小时到几十个小时，速度比传统成形加工方法快得多。3D 打印制造工艺流程短，全自动，可实现现场制造，因此，制造更快速、更高效。随着互联网的发展，3D 打印制造技术还可以用于提供远程制造服务，使资源得到充分利用，用户的需求得到最快的响应。

2. 技术高度集成

3D 打印制造技术是 CAD、数据采集与处理、材料工程、精密机电加工与 CNC 数字控制技术的综合体现。设计制作一体化(即 CAD/CAM 一体化)是 3D 打印技术的另一个显著特点。在传统的 CAD/CAM 技术中，由于成形技术的局限，致使设计制造一体化很难实现。而 3D 打印技术采用的是离散/堆积分层制作工艺，可以实现复杂的成形，因而能够很好地将 CAD/CAM 结合起来，实现设计与制造的一体化。

3. 堆积制造，自由成形

自由成形的含义有两方面：其一是指可根据 3D 原型或零件的形状，无需使用工具与模具而自由地成形；其二是指以"从下而上"的堆积方式实现非匀质材料、功能梯度材料的器件更有优势，不受形状复杂程度限制，能够制造任意复杂形状与结构、不同材料复合的 3D 原型或零件。

4. 制造过程高度柔性化

降维制造(分层制造)把三维结构的物体先分解成二维层状结构，逐层累加形成三维物品。因此，原理上 3D 打印技术将任何复杂的结构形状转换成简单的二维平面图形，而且制造过程更柔性化。3D 打印取消了专用工具，可在计算机管理和控制下制造出任意复杂形状的零件，制造过程中可重新编程、重新组合、连续改变生产装备，并通过信息集成到一个制造系统中。设计者不受零件结构工艺性的约束，可以随心所欲设计出任何复杂形状的零件。可以说，"只有想不到，没有做不到"。

5. 直接制造组合件和可选材料的广泛性

任何高性能难成形的拼合零部件均可通过 3D 打印方式一次性直接制造出

来，不需要工模具通过组装拼接等复杂过程来实现。3D 打印制造技术可采用的材料十分广泛，可采用树脂、塑料、纸、石蜡、复合材料、金属材料或者陶瓷材料的粉末、箔、丝、小块体等，也可是涂覆某种黏结剂的颗粒、板、薄膜等材料。

6. 广泛的应用领域

除了制造 3D 原型以外，3D 打印技术还特别适用于新产品的开发、快速单件及小批量零件的制造、不规则零件或复杂形状零件的制造、模具及模型设计与制造、外形设计检查、装配检验、快速反求与复制，以及难加工材料的制造等。这项技术不仅在制造业的产品造型与模具设计领域，而且在材料科学与工程、工业设计、医学科学、文化艺术、建筑工程、国防及航空航天等领域都有着广阔的应用前景。

综上所述 3D 打印技术具有的优势如下：

(1) 从设计和工程的角度出发，可以设计更加复杂的零件。

(2) 从制造角度出发，减少设计、加工、检查的工序，可大大缩短新品进入市场的时间。

(3) 从市场和用户角度出发，减少风险，可实时地根据市场需求低成本地改变产品。

1.2　3D 打印技术的工作原理

3D 打印(Three Dimensional Printing，3DP)技术是一种依据三维 CAD 设计数据，将所采用的离散材料(液体、粉末、丝材、片材、板或块料等)自下而上逐层叠加制造所需实体的技术。自 20 世纪 80 年代以来，3D 打印制造技术逐步发展，期间也被称为材料增材制造 (Material Increase Manufacturing)、快速原型(Rapid Prototyping)、分层制造(Layered Manufacturing)、实体自由制造(Solid Freeform Fabrication)、3D 喷印(3D Printing)等。这些名称各异，但其成形原理均相同。

3D 打印技术不需要刀具和模具，利用三维 CAD 数据在一台设备上可快速而精确地制造出复杂的结构零件，从而实现"自由制造"，解决传统工艺难加工或无法加工的局限，并大大缩短了加工周期，而且越是复杂结构的产品，其制造速度的提升越显著。3D 打印技术集中了 CAD、CAM、CNC、激光、新材料和精密伺服驱动等先进技术的精粹，采用了全新的叠加堆积成形法，与传统的去除成形法有本质的区别。

3D打印技术的基本原理是将所需成形工件的复杂三维形体用计算机软件辅助设计技术(CAD)完成一系列数字切片处理，将三维实体模型分层切片，转化为各层截面简单的二维图形轮廓，类似于高等数学中的微分过程；然后将切片得到的二维轮廓信息传送到3D打印机中，由计算机根据这些二维轮廓信息控制激光器(或喷嘴)选择性地切割片状材料(或固化液态光敏树脂，或烧结热熔材料，或喷射热熔材料)，从而形成一系列具有一个微小厚度的片状实体，再采用黏结、聚合、熔结、焊接或化学反应等手段使其逐层堆积叠加成为一体，制造出所设计的三维模型或样件，这个过程类似于高等数学中的定积分模式。因此，3D打印的原理是三维➡二维➡三维的转换过程。3D打印技术堆积叠层的基本原理过程如图1-1所示。

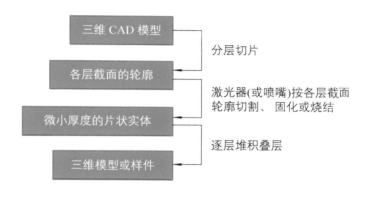

图1-1　3D打印技术堆积叠层的基本原理过程图

图1-2所示为花瓶的3D打印实例过程步骤。首先用计算机软件建立花瓶的3D数字化模型图(见图1-2(a))；然后用切片软件将该立体模型分层切片，得到各层的二维片层轮廓(见图1-2(b))；之后在3D打印机工作台平面上逐层选择性地添加成形材料，并用激光成形头将激光束(或用3D打印机的打印头喷嘴喷射黏结剂、固化剂等)对花瓶的片层截面进行扫描，使被扫描的片层轮廓加热或固化，制成一片片的固体截面层(见图1-2(c))；随后工作台沿高度方向移动一个片层厚度；接着在已固化薄片层上面再铺设第二层成形材料，并对第二层材料进行扫描固化；与此同时，第二层材料还会自动与前一层材料黏结并固化在一起。如此继续重复上述操作，通过连续顺序打印并逐层黏合一层层的薄片材料，直到最后扫描固化完成花瓶的最高一层，就可打印出三维立体的花瓶制件(见图1-2(d))。

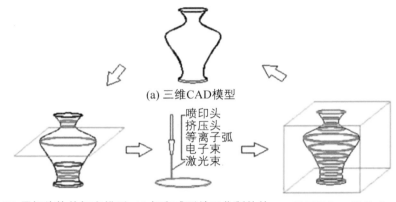

(a) 三维CAD模型

喷印头
挤压头
等离子弧
电子束
激光束

(b) 用切片软件切出模型 (c) 打印成形并固化制件的 (d) 层层叠加二维轮廓,
　　二维片层轮廓 　　二维片层轮廓 　　最终获得三维制件

图 1-2　3D 打印三维→二维→三维的转换实例

1.3　3D 打印技术的全过程

3D 打印技术的全过程可以归纳为前处理、打印成形、后处理三个步骤(见图 1-3)。

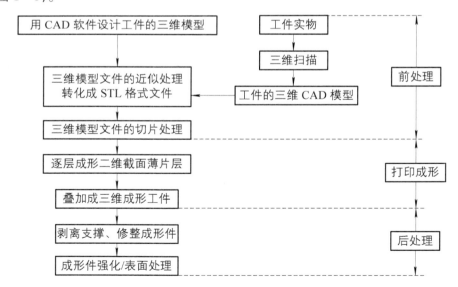

图 1-3　3D 打印技术的全过程

1. 前处理

前处理包括工件三维 CAD 模型文件的建立、三维模型文件的近似处理与切片处理、模型文件 STL 格式的转化。

2. 打印成形

打印成形是 3D 打印技术的核心,包括逐层成形制件的二维截面薄片层以及将二维薄片层叠加成三维成形制件。

3. 后处理

后处理是对成形后的 3D 制件进行的修整,包括从成形制件上剥离支撑结构、成形制件的强化(如后固化、后烧结)和表面处理(如打磨、抛光、修补和表面强化)等。

1.3.1　工件三维 CAD 模型文件的建立

所有 3D 打印机(或称快速成形机)都是在制件的三维 CAD 模型的基础上进行 3D 打印成形的。建立三维 CAD 模型有以下两种方法。

1. 用三维 CAD 软件设计三维模型

用于构造模型的 CAD 软件应有较强的三维造形功能,即要求其具有较强的实体造形和表面造形功能,后者对构造复杂的自由曲面有重要作用。三维造形软件种类很多,包括 UG、Pro/Engineer、Solid Works、3DMAX、MAYA等,其中 3DMAX、MAYA 在艺术品和文物复制等领域应用较多。

三维 CAD 软件产生的输出格式有多种,其中常见的有 IGES、STEP、DXF、HPGL 和 STL 等,STL 格式是 3D 打印机最常用的格式。

2. 通过逆向工程建立三维模型

用三维扫描仪对已有工件实物进行扫描,可得到一系列离散点云数据,再通过数据重构软件处理这些点云,就能得到被扫描工件的三维模型,这个过程常称为逆向工程或反求工程(Reverse Engineering)。常用的逆向工程软件有多种,如 Geomagics Studio、Image Ware 和 MIMICS 等。

在逆向工程中,由实物到 CAD 模型的数字化包括以下三个步骤(见图 1-4):

(1) 对三维实物进行数据采集,生成点云数据。

(2) 对点云数据进行处理(对数据进行滤波以去除噪声或拼合等)。

(3) 采用曲面重构技术,对点云数据进行曲面拟合,借助三维 CAD 软件生成三维 CAD 模型。

实物 ➡ 数据采集 ➡ 数据处理 ➡ 曲面拟合 ➡ CAD模型

图1-4　由实物到CAD模型的步骤

1.3.2　三维扫描仪

工业中常用的三维扫描仪有接触式和非接触式(激光扫描仪或面结构光扫描仪)。常用的三维扫描仪如图1-5所示,其中,接触式单点测量仪(见图1-5(a))的测量精度高,但价格贵,测量速度慢,而且不适合现场工况,仅适合高精度规则几何体机械加工零件的室内检测;非接触式扫描仪(见图1-5(b)、(c))采用光电方法可对复杂曲面的三维形貌进行快速测量,其精度能满足逆向工程的需要,而且对物体表面不会造成损伤,最适合文物和仿古现场的复制需要。非接触式扫描仪中面结构光面扫描仪的速度比激光线扫描仪快,应用更广泛。

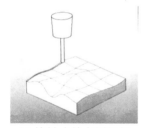

(a) 接触式单点测量仪

(b) 激光线扫描仪

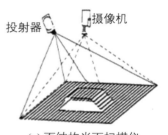

投射器　　摄像机

(c) 面结构光面扫描仪

图1-5　常用三维扫描仪举例

面结构光面扫描仪的原理如图1-5所示,使用手持式三维测量仪(见图1-5(a))对被测物体测量时,使用数字光栅投影装置向被测物体投射一系列编码光栅条纹图像并由单个或多个高分辨率的CCD数码相机同步采集经物体表面调制而变形的光栅干涉条纹图像(见图1-5(b)、(c)),然后用计算机软件对采集得到的光栅图像进行相位计算和三维重构等处理,可在极短时间内获得复杂工件表面完整的三维点云数据。

面结构光面扫描仪测量速度快,测量精度高(单幅测量精度可达0.03毫米),便携性好,设备结构简单,适合于复杂形状物体的现场测量。这种测量仪可广泛应用于常规尺寸(10 mm～5 m)下的工业检测、逆向设计、物体测量和文物复制(见图1-6)等领域。特别是便携式3D扫描仪(见图1-7)可以快速地对任意尺寸的物体进行扫描，不需要反复移动被测扫描物体，也不需要在物体上做任何标记。这些优势使 3D 扫描仪在文物保护中成为不可缺少的工具。

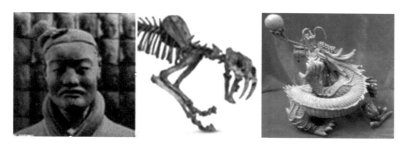

图 1-6   文物扫描复制图例

图 1-7   便携式 3D 扫描仪

1.3.3   三维模型文件的近似处理与切片处理

建立三维 CAD 模型文件之后，还需要对模型进行近似处理或修复近似处理可能产生的缺陷，再对模型进行切片处理，才能获得 3D 打印机所能接受的模型文件。

1. 三维模型文件的近似处理

由于工件的三维模型上往往有一些不规则的自由曲面，所以成形前必须对其进行近似处理。目前在 3D 打印中最常见的近似处理方法是将工件的三维 CAD 模型转换成 STL 模型，即用一系列小三角形平面来逼近工件的自由曲面。选择不同大小和数量的三角形就能得到不同曲面的近似精度。经过上述近似处理的三维模型称为 STL 模式，它由一系列相连的空间三角形面片组成（见图 1-8）。STL 模型对应的文件称为 STL 格式文件。典型的 CAD 软件都有转换和输出 STL 格式文件的接口。

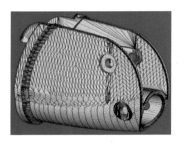

图 1-8　STL 格式模型

2. 三维模型文件的切片处理

3D 打印是按每一层截面轮廓来制作工件的，因此，成形前必须在三维模型上用切片软件沿成形的高度方向，每隔一定的间隔(即切片层高)进行切片处理，以便提取截面的轮廓。层高间隔的大小根据被成形件的精度和生产率的要求选定。层高间隔愈小，精度愈高，但成形时间愈长。层高间隔的范围一般为 0.05～0.5 mm，常用 0.1～0.2 mm，在此取值下，能得到相当光滑的成形曲面。切片层高间隔选定之后，成形时每一层叠加材料的厚度应与之相适应。显然，切片层的间隔不得小于每一层叠加材料的最小厚度。

1.4　3D 打印机的主流机型

3D 打印机是叠加堆积成形制造的核心设备，具有截面轮廓成形和截面轮廓堆积叠加两个功能。根据其扫描头成形原理和成形材料的不同，目前这种设备的种类多达数十种。根据采用材料及对材料处理方式的不同，3D 打印机可分为以下几类，见图 1-9。

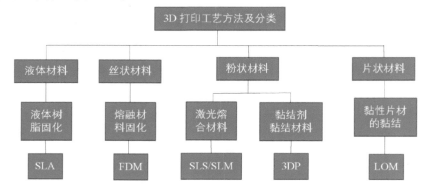

图 1-9　3D 打印技术主要的成形工艺方法及分类

1.4.1 立体光固化打印机

立体光固化(Stereo Lithography Apparatus, SLA)成形工艺(见图 1-10)是目前最为成熟和广泛应用的一种 3D 打印技术。它以液态光敏树脂为原材料,在计算机的控制下用氦-镉激光器或氩离子激光器发射出的紫外激光束,按预定零件各切片层截面的轮廓轨迹对液态光敏树脂逐点扫描,使被扫描部位的光敏树脂薄层产生光聚合(固化)反应,从而形成零件的一个薄层截面。当一层树脂固化完毕后,工作台将下移一个层厚的距离,使在原先固化好的树脂表面上再覆盖一层新的液态树脂,刮板将黏度较大的树脂液面刮平,然后再进行下一层的激光扫描固化,新固化的一层将牢固地黏合在前一层上,如此重复,直至整个工件层叠完毕,得到一个完整的制件模型。因液态树脂具有高黏性,所以其流动性较差,在每层固化之后液面很难在短时间内迅速抚平,会影响实体的成形精度,因而需要采用刮板刮平。采用刮板刮平后所需要的液态树脂将会均匀地涂覆在上一叠层上,经过激光固化后将得到较好精度的制件,也能使成形制件的表面更加光滑平整。当制件完全成形后,把制件取出并把多余的树脂清理干净,再把支撑结构清除,最后把制件放到紫外灯下照射进行二次固化。

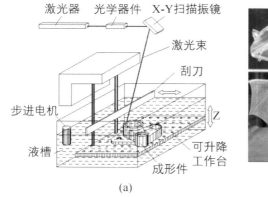

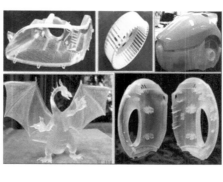

(a)   (b)

图 1-10 SLA 的 3D 打印原理及 3D 打印制件图

SLA 成形技术的优点是:整个打印机系统运行相对稳定,成形精度较高,制件结构轮廓清晰且表面光滑,一般尺寸精度可控制在 0.01 mm 内,适合制作结构形状异常复杂的制件,能够直接制作面向熔模精密铸造的中间模。但 SLA 成形尺寸有较大的限制,适合比较复杂的中小型零件的制作,不适合制作体积庞大的制件,成形过程中伴随的物理变化和化学变化可能会导致制件变形,因此成形制件需要设计支撑结构。

目前,SLA 工艺所支持的材料相当有限(必须是光敏树脂)且价格昂贵。液态光敏树脂具有一定的毒性和气味,材料需要避光保存以防止提前发生聚合反应从而引起成形后的制件变形。SLA 成形的成品硬度很低且相对脆弱。此外,使用 SLA 成形的模型还需要进行二次固化,后期处理相对复杂。

1.4.2　选择性激光烧结打印机

选择性激光烧结(Selective Laser Sintering, SLS)成形工艺最早是由美国德克萨斯大学奥斯汀分校的 C. R. Dechard 于 1989 年在其硕士论文中提出的,随后 C. R. Dechard 创立了 DTM 公司并于 1992 年发布了基于 SLS 技术的工业级商用 3D 打印机 Sinterstation。SLS 成形工艺使用的是粉末状材料,激光器在计算机的操控下对粉末进行扫描照射实现材料的烧结黏合,就这样材料层层堆积实现成形。图 1-11 所示为 SLS 的成形原理及其制件。

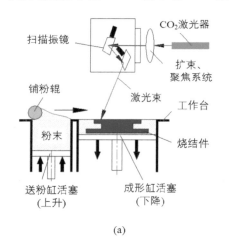
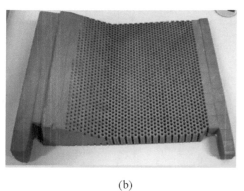

(a)　　　　　　　　　　　　　　(b)

图 1-11　SLS 的成形原理及 3D 打印制件图

SLS 成形的过程为:首先转动铺粉辊或移动铺粉斗等机构将一层很薄的(100~200 μm)塑料粉末(或金属、陶瓷、覆膜砂等)铺平到已成形制件的上表面,数控系统操控激光束按照该层截面轮廓在粉层上进行扫描照射而使粉末的温度升至熔点,从而进行烧结并与下面已成形的部分实现黏结,烧结形成一个层面,使粉末熔融固化成截面形状。当一层截面烧结完后,工作台下降一个层厚,这时再次转动铺粉辊或移动铺粉斗,均匀地在已烧结的粉层表面上再铺一层粉末,进行下一层烧结,如此反复操作直至工件完全成形。未烧结的粉末保留在原位置起支撑作用,这个过程重复进行直至完成整个制件的扫描、烧结,然后去掉打印制件表面上多余的粉末,并对表面进行打磨、烘干等后处理,便可获得具有一定性能的 SLS 制件。

在 SLS 成形的过程中,未经烧结的粉末对模型的空腔和悬臂起着支撑的作用,因此 SLS 成形的制件不像 SLA 成形的制件那样需要专门设计支撑结构。与 SLA 成形工艺相比,SLS 成形工艺的优点是:

(1) 原型件机械性能好,强度高。

(2) 无须设计和构建支撑。

(3) 可供选用的材料种类多,主要有石蜡、聚碳酸酯、尼龙、纤细尼龙、合成尼龙、陶瓷,甚至还可以是金属,且成形材料的利用率高(几乎为 100%)。

SLS 成形工艺的缺点是:

(1) 制件表面较粗糙,疏松多孔。

(2) 需要进行后处理。

采用各种不同成分的金属粉末进行烧结,经渗铜等后处理工艺,特别适合制作功能测试零件,也可直接制造具有金属型腔的模具。采用热塑性塑料粉可直接烧结出"SLS 蜡模",用于单件小批量复杂中小型零件的熔模精密铸造生产,还可以烧结 SLS 覆膜砂型及砂芯直接浇注金属铸件。

1.4.3　选择性激光熔化打印机

选择性激光熔化(Selective Laser Melting, SLM)是由德国 Fraunhofer 激光技术研究所在 20 世纪 90 年代首次提出的一种能够直接制造金属零件的 3D 打印技术。它采用了功率较大(100~500 W)的光纤激光器或 Ne - YAG 激光器,具有较高的激光能量密度和更细小的光斑直径,成形件的力学性能、尺寸精度等均较好,只需简单后处理即可投入使用,并且成形所用的原材料无需特别配制。

SLM 的成形原理及 3D 打印制件如图 1 - 12 所示。SLM 的成形原理是:采用铺粉装置将一层金属粉末材料铺平在已成形零件的上表面,控制系统控制高能量激光束按照该层的截面轮廓在金属粉层上扫描,使金属粉末完全熔化并与下面已成形的部分实现熔合。当一层截面熔化完成后,工作台下降一个薄层的厚度(0.02~0.03 mm),然后铺粉装置又在上面铺上一层均匀密实的金属粉末,进行新一层截面的熔化,如此反复,直到成形完成整个金属制件。为防止金属氧化,整个成形过程一般在惰性气体的保护下进行,对易氧化的金属(如 Ti、Al 等),还必须进行抽真空操作,以去除成形腔内的空气。

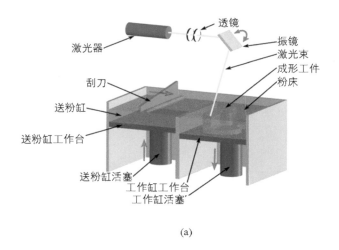

(a)   (b)

图 1-12 SLM 的成形原理及 3D 打印制件图

SLM 具有以下优点：

（1）直接制造金属功能件，无需中间工序。

（2）光束质量良好，可获得细微聚焦光斑，从而可以直接制造出较高尺寸精度和较好表面粗糙度的功能件。

（3）金属粉末完全熔化，所直接制造的金属功能件具有冶金结合组织，致密度较高，具有较好的力学性能。

（4）粉末材料可为单一材料，也可为多组元材料，原材料无需特别配制。

同时，SLM 具有以下缺点：

（1）由于激光器功率和扫描振镜偏转角度的限制，SLM 能够成形的零件尺寸范围有限。

（2）SLM 设备费用贵，机器制造成本高。

（3）成形件表面质量差，产品需要进行二次加工。

（4）SLM 成形过程中，容易出现球化和翘曲。

1.4.4 熔丝制造成形打印机

图 1-13 所示的 3D 打印机是实现材料挤压式工艺的一类增材制造装备。以前称为"熔融沉积"3D 打印机（Fused Deposition Modeling, FDM），现在这种打印机被美国 3D 打印技术委员会（F42 委员会）公布的定义称为熔丝制造（Fused Filament Fabrication, FFF）式 3D 打印机。

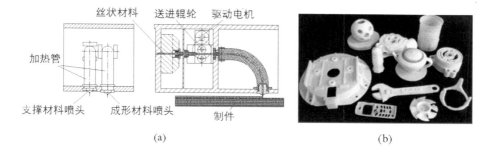

丝状材料　送进辊轮　驱动电机

加热管

支撑材料喷头　成形材料喷头　制件

(a)　　　　　　　　(b)

图 1-13　FFF(FDM)的成形原理及 3D 打印制件图

FFF(FDM)具有以下优点：

(1) 不需要价格昂贵的激光器和振镜系统，故设备价格较低。

(2) 成形件韧性也较好。

(3) 材料成本低，且材料利用率高。

(4) 工艺操作简单、易学。

这种成形工艺是将热熔性丝材(通常为 ABS 或 PLA 材料)缠绕在供料辊上，由步进电机驱动辊子旋转，丝材在主动辊与从动辊的摩擦力作用下向挤出机喷头送出，由供丝机构送至喷头，在供料辊和喷头之间有一导向套，导向套采用低摩擦系数材料制成以便丝材能够顺利准确地由供料辊送到喷头的内腔。喷头的上方有电阻丝式的加热器，在加热器的作用下丝材被加热到临界半流动的熔融状态，然后通过挤出机把材料从加热的喷嘴挤出到工作台上，材料冷却后便形成了工件的截面轮廓。

采用 FFF(FDM)工艺制作具有悬空结构的工件原型时需要有支撑结构的支持，为了节省材料成本和提高成形的效率，新型的 FFF(FDM)设备采用了双喷头的设计，一个喷头负责挤出成形材料，另外一个喷头负责挤出支撑材料，而喷头则按截面轮廓信息移动，按照零件每一层的预定轨迹，以固定的速率进行熔体沉积(如图 1-13(a)所示)，喷头在移动过程中所喷出的半流动材料沉积固化为一个薄层。每完成一层，工作台下降一个切片层厚，再沉积固化出另一新的薄层，进行叠加沉积新的一层，如此反复，一层层成形且相互黏结，便堆积叠加出三维实体，最终实现零件的沉积成形。FFF(FDM)成形工艺的关键是保持半流动成形材料的温度刚好在熔点之上(比熔点高 1℃左右)。其每一层片的厚度由挤出丝的直径决定，通常是 0.25～0.50 mm。

一般来说，用于成形件的丝材相对更精细，而且价格较高，沉积效率也较低；用于制作支撑材料的丝材会相对较粗，而且成本较低，但沉积效率较高。

支撑材料一般会选用水溶性材料或比成形材料熔点低的材料，这样在后期处理时通过物理或化学的方式就能很方便地把支撑结构去除干净。

FFF(FDM)的优点如下：

(1) 操作环境干净、安全，可在办公室环境下进行(没有毒气或化学物质的危险，不使用激光)。

(2) 工艺干净、简单，易于操作且不产生垃圾。

(3) 表面质量较好，可快速构建瓶状或中空零件。

(4) 原材料以卷轴丝的形式提供，易于搬运和快速更换(运行费用低)。

(5) 原材料费用低，材料利用率高。

(6) 可选用多种材料，如可染色的 ABS 和医用 ABS、PC、PPSF、蜡丝、聚烯烃树脂丝、尼龙丝、聚酰胺丝和人造橡胶等。

FFF(FDM)的缺点如下：

(1) 精度较低，难以构建结构复杂的零件，成形制件精度低，不如 SLA 工艺，最高精度不高。

(2) 与截面垂直的方向强度低。

(3) 成形速度相对较慢，不适合构建大型制件，特别是厚实制件。

(4) 喷嘴温度控制不当容易堵塞，不适宜更换不同熔融温度的材料。

(5) 悬臂件需加支撑，不宜制造形状复杂构件。

FFF(FDM)适合制作薄壁壳体原型件(中等复杂程度的中小原型)，该工艺适合于产品的概念建模及形状和功能测试。例如，用性能更好的 PC 和 PPSF 代替 ABS，可制作塑料功能产品。

1.4.5　分层实体打印机

分层实体制造(Laminated Object Manufacturing，LOM)成形(见图 1-14)是将底面涂有热熔胶的纸卷或塑料胶带卷等箔材通过热压辊加热黏结在一起，位于上方的激光切割器按照 CAD 分层模型所获数据，用激光束或刀具对纸或箔材进行切割，首先切割出工艺边框和所制零件的内外轮廓，然后将不属于原型本体的材料切割成网格状，接着将新的一层纸或胶带等箔材再叠加在上面，通过热压装置和下面已切割层黏合在一起，激光束或刀具再次切割制件轮廓，如此反复逐层切割、黏合、切割……直至整个模型制作完成。通过升降平台的移动和纸或箔材的送进可以切割出新的层片并将其与先前的层片黏结在一起，这样层层叠加后得到一个块状物，最后将不属于原型轮廓形状的材料小块剥除，就获得了所需的三维实体。上面所说的箔材可以是涂覆纸(单边涂有黏结剂覆层的纸)、涂覆陶瓷箔、金属箔或其他材质基的箔材。

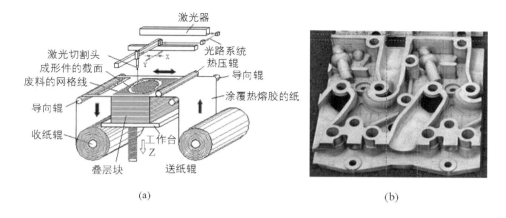

(a)   (b)

图 1-14　LOM 的成形原理及 3D 打印制件图

LOM 成形的优点是：

（1）无需设计和构建支撑。

（2）只需切割轮廓，无需填充扫描整个断面。

（3）制件有较高的硬度和较好的力学性能(与硬木和夹布胶木相似)。

（4）LOM 制件可像木模一样进行胶合，可进行切削加工和用砂纸打磨、抛光，提高表面光滑程度。

（5）原材料价格便宜，制造成本低。

LOM 成形的缺点是：

（1）材料利用率低，且种类有限。

（2）分层结合面连接处台阶明显，表面质量差。

（3）原型易吸湿膨胀，层间的黏合面易裂开，因此成形后应尽快对制件进行表面防潮处理并刷防护涂料。

（4）制件内部废料不易去除，处理难度大。

综上分析，LOM 成形工艺适合于制作大中型、形状简单的实体类原型件，特别适用于直接制作砂型用的铸模(替代木模)。图 1-14(a)所示为以单面涂有热熔胶的纸为原料、并用 LOM 成形的火车机车发动机缸盖模型。

目前该成形技术的应用已被其他成形技术(如 SLS、3DP 等成形技术)所取代，故 LOM 的应用范围已渐渐缩小。

1.4.6　黏结剂喷射打印机

黏结剂喷射打印机(Three Dimensional Printing, 3DP)利用喷墨打印头逐点喷射黏结剂来黏结粉末材料的方法制造原型件。3DP 的成形过程与 SLS 相似，只是将 SLS 中的激光束变成喷墨打印头喷射的黏结剂（"墨水"），其工作原理类似于喷墨打印机，是形式上最为贴合"3D 打印"概念的成形技术之一。3DP 工艺与 SLS 工艺也有类似的地方，采用的都是粉末状的材料，如陶瓷、金属、塑料，但与其不同的是 3DP 使用的粉末并不是通过激光烧结黏合在一起的，而是通过喷头喷射黏结剂将工件的截面"打印"出来并一层层堆积成形的。图 1-15 所示为 3DP 的成形原理及 3D 打印制件。工作时 3DP 设备会把工作台上的粉末铺平，接着喷头会按照指定的路径将液态黏结剂（如硅溶胶）喷射在预先粉层上的指定区域中，上一层黏结完毕后，成形缸下降一个距离（等于层厚 0.013～0.1 mm），供（送）粉缸上升一个层厚的高度，推出若干粉末，并被铺粉辊推到成形缸，铺平并被压实。喷头在计算机的控制下，按下一层建造截面的成形数据有选择地喷射黏结剂。铺粉辊铺粉时多余的粉末被收集到集粉装置中。如此周而复始地送粉、铺粉和喷射黏结剂，最终完成一个三维粉体的黏结（即制造出成形制件）。粉床上未被喷射黏结剂的地方仍为干粉，在成形过程中起支撑作用，且成形结束后比较容易去除。

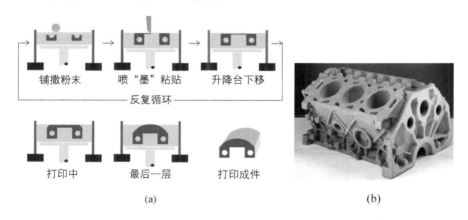

(a)   (b)

图 1-15　3DP 的成形原理及 3D 打印制件图

3DP 的优点是：

（1）成形速度快，成形材料价格低。

（2）在黏结剂中添加颜料，可以制作彩色原型，这是该工艺最具竞争力的特点之一。

（3）成形过程不需要支撑，多余粉末的去除比较方便，特别适合于做内腔复杂的原型。

（4）适用于 3DP 成形的材料种类较多，并且还可制作复合材料或非均匀材质材料的零件。

3DP 的缺点是强度较低，只能做概念型模型，而不能做功能性试验件。

与 SLS 技术相同，3DP 技术可使用的成形材料和能成形的制件较广泛，在制造多孔的陶瓷部件(如金属陶瓷复合材料多孔坯体或陶瓷模具等)方面具有较大的优越性，但制造致密的陶瓷部件具有较大的难度。

1.5　3D 打印技术的应用与发展

新产品开发中，总要经过对初始设计的多次修改，才能真正推向市场，而修改模具的制作是一件费钱费时的事情，拖延时间就可能失去市场。虽然利用电脑虚拟技术可以非常逼真地在屏幕上显示所设计的产品外观，但视觉上再逼真，也无法与实物相比。由于市场竞争激烈，因此产品开发周期直接影响着企业的生死存亡，故客观上需要一种可直接将设计数据快速转化为三维实体的技术。3D 打印技术直接将电脑数据转化为实体，实现了"心想事成"的梦想。其主要的应用领域如图 1 - 16 所示。

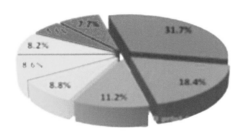

- 紫色(机动车辆、汽车31.7%)
- 蓝色(消费品18.4%)
- 绿色(经营产品11.2%)
- 黄绿色(医药8.8%)
- 黄色(医疗8.6%)
- 泥巴黄(航空8.2%)
- 红色(政府军队5.5%)
- 酱红色(其他7.7%)

图 1 - 16　3D 打印的主要应用领域

从制造目标来说，3D 打印主要用于快速概念设计及功能测试原型制造、快速模具原型制造、快速功能零件制造。但大多数 3D 打印作为原型件进行新产品开发和功能测试等。快速直接制模及快速功能零件制造是 3D 打印面临的一个重大技术难题，也是 3D 打印技术发展的一个重要方向。根据不同的制造目标 3D 打印技术将相对独立发展，更加趋于专业化。

1.5.1　3D 打印技术的应用

1. 设计方案评审

借助于 3D 打印的实体模型，不同专业领域(设计、制造、市场、客户)的人员可以对产品实现方案、外观、人机功效等进行实物评价。

2. 制造工艺与装配检验

借助 3D 打印的实体模型结合设计文件，可有效指导零件和模具的工艺设计，或进行产品装配检验，避免结构和工艺设计错误。

3. 功能样件制造与性能测试

3D 打印制造的实体功能件具有一定的结构性能，同时利用 3D 打印技术可直接制造金属零件，或制造出熔（蜡）模，再通过熔模铸造金属零件，甚至可以打印制造出特殊要求的功能零件和样件等。

4. 快速模具小批量制造

以 3D 打印制造的原型作为手模板，制作硅胶、树脂、低熔点合金等快速模具，可便捷地实现几十件到数百件数量零件的小批量制造。

5. 建筑总体与装修展示评价

利用 3D 打印技术可实现模型真彩及纹理打印的特点，可快速制造出建筑的设计模型，进行建筑总体布局、结构方案的展示和评价。3D 打印建筑模型快速、成本低、环保，同时制作精美，完全合乎设计者的要求，同时又能节省大量材料。

6. 科学计算数据实体可视化

计算机辅助工程、地理地形信息等科学计算数据可通过 3D 彩色打印，实现几何结构与分析数据的实体可视化。

7. 医学与医疗工程

通过医学 CT 数据的三维重建技术，利用 3D 打印技术制造器官、骨骼等实体模型，可指导手术方案设计，也可打印制作组织工程原型件和定向药物输送骨架等。

8. 首饰及日用品快速开发与个性化定制

不管是个性笔筒，还是有浮雕的手机外壳，抑或是世界上独一无二的戒指，都有可能通过 3D 打印机打印出来。

9. 动漫艺术造型评价

借助于动漫艺术造型评价可实现动漫模型的快速制造，指导和评价动漫造型设计。

10. 电子器件的设计与制作

利用 3D 打印可在玻璃、柔性透明树脂等基板上，设计制作电子器件和光学器件，如 RFID、太阳能光伏器件、OLED 等。

11. 文物保护

用 3D 打印机可以打印复杂文物的替代品，以保护博物馆里原始作品不受环境或意外事件的伤害，同时复制品也能将艺术或文物的影响传递给更多更远的人。

12. 食品 3D 打印机

目前已可以用 3D 打印机打印个性化巧克力食品。

1.5.2 3D 打印技术与行业结合的优势

1. 3D 打印与医学领域

（1）为再生医学、组织工程、干细胞和癌症等生命科学与基础医学研究领域提供新的研究工具。

采用 3D 打印来创建肿瘤组织的模型，可以帮助人们更好地理解肿瘤细胞的生长和死亡规律，这为研究癌症提供了新的工具。苏格兰研究人员利用一种全新的 3D 打印技术，首次用人类胚胎干细胞进行了 3D 打印，由胚胎干细胞制造出的三维结构可以让我们创造出更准确的人体组织模型，这对于试管药物研发和毒性检测都有着重要意义。从更长远的角度看，这种新的打印技术可以为人类胚胎干细胞制作人造器官铺平道路。

（2）为构建和修复组织器官提供新的临床医学技术，推动外科修复整形、再生医学和移植医学的发展。

3D 打印的器官不但解决了供体不足的问题，而且避免了异体器官的排异问题，未来人们想要更换病变的器官将成为一种常规治疗方法。

（3）开发全新的高成功率药物筛选技术和药物控释技术。

利用生物打印出药物筛选和控释支架，可为新药研发提供新的工具。美国麻省理工学院利用 3DP 工艺和聚甲基丙烯酸甲（PMMA）材料制备了药物控释支架结构，对其生物相容性、降解性和药物控释性能进行了测试。英国科学家使用热塑性生物可吸收材料采用激光烧结 3D 打印技术制造出的气管支架已成功植入婴儿体内。

（4）制造"细胞芯片"，在设计好的芯片上打印细胞，为功能性生物研发做铺垫。

目前，组织工程面临的挑战之一就是如何将细胞组装成具有血管化的组织或器官，而使用生物 3D 打印技术制造"细胞芯片"，并使细胞在芯片上生长，为"人工眼睛"、"人工耳朵"和"大脑移植芯片"等功能性生物研发做铺垫，帮助患有退化性眼疾的病人。

（5）定制化、个性化假肢和假体的 3D 打印为广大患者带来福音。

根据每个人个体的不同，针对性地打造植入物，以追求患者最高的治疗效果。假肢接受腔、假肢结构和假肢外形的设计与制造精度直接影响着患者的舒适度和功能。2013 年美国的一名患者成功接受了一项具有开创性的手术，用 3D 打印头骨替代 75% 的自身头骨。这项手术中使用的打印材料是聚醚酮，为患者定制的植入物两周内便可完成。目前国内 3D 打印骨骼技术也已取得初步成就，在脊柱及关节外科领域研发出了几十个 3D 打印脊柱外科植入物，其中颈椎椎间融合器、颈椎人工椎体、人工髋关节、人工骨盆（见图 1-17）等多个产品已经进入临床观察阶段。实验结果非常乐观，骨长入情况非常好，在很短的时间内，就可以看到骨细胞已经长进到打印骨骼的孔隙里面，2013 年被正式批准进入临床观察阶段。

图 1-17　根据患者 CT 数据制作的人工骨盆 3D 打印原型件

（6）3D 打印技术开发的手术器械提供了更直观的新型医疗模式。

3D 打印技术能够把虚拟的设计更直接、更快速地转化为现实。在一些复杂的手术（如移植手术）中，医生需要对手术过程进行模拟。以前，这种模拟主要基于图像——用 CT 或者 PET 检查获取病人的图像，利用 3D 打印技术，就可以直接做出和病人数据一模一样的结构，这对手术的影响将是巨大的。

2. 3D 打印与制造领域

3D 打印技术在制造业的应用为工厂进行小批量生产提供了可能性，也为人们订购满足于自身需求的产品提供了可能性。另外，3D 打印技术在制造业上的广泛应用也大大降低了工厂的生产周期和成本，提高了生产效率，在减少手工工人数量的同时又保证了生产的精确度和高效率。随着 3D 打印材料性能的提高、打印工艺的日渐完善，3D 打印在制造业领域的应用将会越来越广泛、普遍。3D 打印与制造业结合有以下优势：

1）使用 3D 打印技术可加快设计过程

在设计阶段，产品停留的时间越长，进入市场的时间也越晚，这意味着公司丢失了潜在利润。随着将新产品迅速推向市场，会带来越来越多的压力，在概念设计阶段，公司就需要做出快速而准确的决定。材料选择、制造工艺和设计水平成为决定总体成本的大部分因素。通过加快产品的试制，3D 打印技术可以优化设计流程，以获得最大的潜在收益。3D 打印可以加快企业决定一个概念是否值得开发的过程。

2）用 3D 打印生成原型可省时间

在有限的时间里，3D 打印能够有更快的反复过程，工程师可以更快地看到设计变化所产生的结果。企业内部 3D 打印可以消除由于外包服务而造成的各种延误（如运输延迟）。

3）用 3D 打印可进行更有效的设计，增加新产品成功的机会

3D 打印技术在产品开发中的关键作用和重要意义是很明显的，它不受复杂形状的任何限制，可迅速地将显示于计算机屏幕上的设计变为可进一步评估的实物。根据原形可对设计的正确性、造型合理性、可装配和干涉进行具体的检验。对形状较复杂而贵重的零件（如模具），如直接依据 CAD 模型不经原型阶段就进行加工制造，这种简化的做法风险极大，往往需要多次反复才能成功，不仅延误开发进度，而且往往需花费更多的资金。通过原型的检验可将此种风险减到最低限度。3D 打印可以增加新产品成功的机会，因为有更全面的设计评估和迭代过程。迭代优化的方法要有更快的周期，这是不延长设计过程的唯一方法。

一般来说，采用 3D 打印技术进行快速产品开发可减少产品开发成本的 30％～70％，减少开发时间。图 1 - 18(a) 所示为广西玉林柴油机集团开发研制的 KJ100 四气门六缸柴油发动机缸盖铸件，其特点是：① 外形尺寸大，长度接近于 1 米 (964.7 mm×247.2 mm×133 mm)；② 砂芯品种多且形状复杂，全套缸盖砂芯包括底盘砂芯、上水道芯、下水道芯、进气道芯、排气道芯、盖板芯，共计 6 种砂芯（见图 1 - 18(b)～(f)）；③ 铸件壁薄（最薄处仅 5 mm），属于难度很大的复杂铸件。该铸件用传统开模具方法制造需半年时间，模具费约 200 多万元，并且不能保证手板模具不需要修改的情况；而采用 3D 打印技术仅 1 周多时间就可打印出全套砂芯，装配后成功浇注，铸造出合格的 RuT - 340 缸盖铸件。这样该发动机可提前半年投入市场，获得丰厚的经济效益。

4）采用 3D 打印技术可降低产品设计成本

对 3D 打印系统进行评估时，要考虑设施的要求、运行系统需要的专门知识、精确性、耐用性、模型的尺寸、可用的材料、速度，当然还有成本。3D 打印提供了在大量设计迭代中极具成本效益的方式，并在整个开发过程中的关键开始阶段便能获得及时反馈。快速改进形状、配合和功能的能力大大减少了生产

(a) KJ100四气门六缸柴油发动机缸盖铸件

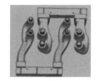

(b) 进、排气道砂芯

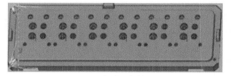

(c) 底盘砂芯

(d) 下水道砂芯

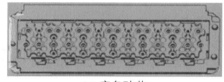

(e) 底盘砂芯

(f) 下水道砂芯

图 1-18　KJ100 四气门六缸柴油发动机缸盖铸件及用 SLS 3D 打印的
六缸缸盖全套砂芯实例

成本和上市时间。这为那些把 3D 打印作为设计过程一部分的公司建立了一个
独有的竞争优势。低成本将继续扩大 3D 打印的市场，特别是在中小型企业和
学校，这些打印机的速度、一致性、精确性和低成本将帮助企业缩短产品进入
市场的时间，保持竞争优势。

3. 3D 打印与快速制模领域

用 3D 打印技术直接制作金属模具是当前技术制模领域研发的热点，下面
介绍其中的工艺。

1) 金属粉末烧结成形

金属粉末烧结成形就是用 SLS 法将金属粉末直接烧结成模具，比较成熟的
工艺仍是 DTM 公司的 Rapid Tool 和 EOS 公司的 Direct Tool。德国 EOS 公司
在 Direct Tool 工艺的基础上推出了所谓的直接金属激光烧结（Direct Metal
Laser Sintering，DMLS）系统，所使用的材料为新型钢基粉末，这种粉末的颗
粒很细，烧结的叠层厚度可小至 $20~\mu m$，因而烧结出的制件精度和表面质量都
较好，制件密度为钢的 $95\% \sim 99\%$，现已实际用于制造注塑模和压铸模等模
具，经过短时间的微粒喷丸处理便可使用。如果模具精度要求很高，可在烧结

成形后再进行高速精铣。

2) 金属薄(箔)材叠层成形

金属薄(箔)材叠层成形是 LOM 法的进一步发展,其材料不是纸,而是金属(钢、铝等)薄材。它是用激光切割或高速铣削的方法制造出层面的轮廓,再经由焊接或黏结叠加为三维金属制件。比如,日本先用激光将两块表面涂敷低熔点合金的厚度为 0.2 mm 的薄钢板切割成层面的轮廓,再逐层互焊成为钢模具。金属薄材毕竟厚度不会太小,因此台阶效应较明显,如材料为薄膜便可使成形精度得到改进。一种称为 CAM-LEM 的快速成形工艺就是用黏结剂黏结金属或陶瓷薄膜,再用激光切割出制件的轮廓或分割块,制出的半成品还需放在炉中烧结,使其达到理论密度的 99%,同时会引起 18% 的收缩。

3) 基于 3D 技术的间接快速制模法

基于 3D 技术的间接快速模具制造可以根据所要求模具寿命的不同,结合不同的传统制造方法来实现。

(1) 对于寿命要求不超过 500 件的模具,可使用以 3D 打印原型件作母模、再浇注液态环氧树脂与其他材料(如金属粉)的复合物而快速制成的环氧树脂模。

(2) 若仅仅生产 20～50 件注塑模,则可使用由硅橡胶铸模法(以 3D 打印原型件为母模)制作的硅橡胶模具。

(3) 对于寿命要求在几百件至几千件(上限为 3000～5000 件)的模具,常使用由金属喷涂法或电铸法制成的金属模壳(型腔)。金属喷涂法是在 3D 打印原型件上喷涂低熔点金属或合金(如用电弧喷涂 Zn - Al 伪合金),待沉积到一定厚度形成金属薄壳后,再背衬其他材料,然后去掉原型便得到所需的型腔模具。电铸法与此法类似,不过它不是用喷涂而是用电化学方法通过电解液将金属(镍、铜)沉积到 3D 打印原型件上形成金属壳,所制成的模具寿命比金属喷涂法更长,但其成形速度慢,且对于非金属原型件的表面尚需经过导电预处理(如涂导电胶使其带电)才能进行电铸。

(4) 对于寿命要求为成千上万件(3000 件以上)的硬质模具,主要是钢模具,常用 3D 打印技术快速制作石墨电极或铜电极,再通过电火花加工法制造出钢模具。比如,以 3D 打印原型件作母模,翻制由环氧树脂与碳化硅混合物构成整体研磨模(研磨轮),再在专用的研磨机上研磨出整体石墨电极。

图 1-19 所示为子午线轮胎 3D 打印快速制模的过程实例(见图 1-19)。图中,图(a)是用 3D 打印轮胎原型,图(b)为轮胎原型翻制的硅橡胶凹模,图(c)是用硅橡胶凹模翻制的陶瓷型,图(d)是将铁水浇注到陶瓷型里面,冷凝后而获得的轮胎的合金铸铁模。

(a)　　　　　　　(b)　　　　　　　(c)　　　　　　　(d)

图1-19　轮胎合金铸铁模的快速制模过程

图1-20所示为开关盒3D打印快速制模的过程实例(见图1-20)。首先用LOM 3D打印制造开关盒原型凸模(见图1-20(a)),经打磨、抛光等表面处理并在表面喷镀导电胶,然后将喷镀导电胶的凸模原型进行电铸铜,形成金属薄壳,再用板料将薄壳四周围成框,之后向其中注入环氧树脂等背衬材料,便可得到铜质面、硬背衬的开关盒凹模(见图1-20(b))。

(a) LOM3D打印原型件　　　　　　(b) 电铸铜后的模具

图1-20　LOM 3D打印开关盒模具实例

4. 3D打印与教育领域

当今世界已经进入信息时代,人们的思维方式、生活方式、工作方式及教育方式等都随之改变。教育是富国之本、强国之本,而高等教育是培养现代化科技人才的主要渠道。教育的信息化给人们的学习带来了前所未有的转变,新的教育理念和新的教育环境正逐步塑造着教学和学习的新形态。3D打印技术所具有的特性为教学提供了新的路径,其在高等教育中的应用主要有以下几个方面。

1) 方便打造教学模具

随着3D打印的成本越来越低,在教育领域可以运用3D打印打造教学模具来进行教学,逆袭传统的制造业。3D打印可以应用教学模拟进行演示教学和探索教学,也可以让学生参与到互动式游戏教学中。例如,在仿真教学和试验中,3D打印出来的物品可以模拟课堂实验中难以实现或者要耗费很大成本才能实现的各项试验,如造价昂贵的大型机械实验等。3D打印最大的特点就是只要拥有三维数据和设计图,便可以打造出想要的模型,生产周期短,不用大规模的批量生产,可以节约成本。利用3D打印可以丰富教学内容,将一些实验搬到课堂中进行，通过观摩 3D 打印的实验物品，学生可以反复练习操作，不必购置昂贵的实验设备。和虚拟实验三维设计相比，它的优势在于可以进行实际的操作和观察，更为直观。3D 打印更擅长制造复杂的结构，给学生以直观的教学，使学生身临其境，更好地完成对知识的认知。

2）改善老师的教学方法

3D 打印综合运用虚拟现实、多媒体、网络等技术，可以在课堂和实验中展示传统的教学模式中无法实现的教学过程。运用 3D 打印可以使教师等教育工作者逐渐养成用数字时代的思维方式去培养学生的行为方式与习惯，使课堂教学更加丰富多彩，有利于加强互动式教学，提高课堂效率。3D 打印的逼真效果更加贴近现实的情景，将会给现阶段教育技术的发展水平带来一次重大飞跃。3D 打印可以改善教师的教学方法，把一些抽象的东西打印出来进行讨论，激发学生无限的想象。教师把 3D 打印物品结合到讲课内容中，通过对模型的讲解，了解到学生对哪些问题不懂，从台前走到学生中间，帮学生解决学习中的困难，学生成为生活中的主体、教学活动的中心以及教师关注的重点。

3）3D 打印激发学生的兴趣

通过 3D 打印模型的刺激，以及学生的内心加工，学生会迸发出自己的想法，提高创造力。让学生观察模拟物品，还可以激发学生的好奇心，提高学生的设计能力、动手能力，激发学生的兴趣，使得课堂主动、具体、富于感染力。3D 打印技术在教育领域的应用增加了学生获得知识的学习方法，学生可以把自己的设计思想打印出来，并验证这个模型是否符合自己的设想。

1.5.3 3D 打印技术在国内的发展现状

与发达国家相比，我国 3D 打印技术发展虽然在技术标准、技术水平、产业规模与产业链方面还存在大量有待改进的地方，但经过多年的发展，已形成以高校为主体的技术研发力量布局，若干关键技术取得了重要突破，产业发展开始起步，形成了小规模产业市场，并在多个领域成功应用，为下一步发展奠定了良好的基础。

1. 初步建立了以高校为主体的技术研发力量体系

自 20 世纪 90 年代初开始，清华大学、华中科技大学、西安交通大学、北京航空航天大学、西北工业大学等高校相继开展了 3D 打印技术研究，成为我国开展 3D 打印技术的主要力量，推动了我国 3D 打印技术的整体发展。北京航空航天大学"大型整体金属构件激光直接制造"教育部工程研究中心的王华明团队、西北工业大学凝固技术国家重点实验室的黄卫东团队，主要开展金属材料激光净成形直接制造技术研究。清华大学生物制造与快速成形技术北京市重点实验室颜永年团队主要开展熔融沉积制造技术、电子束融化技术、3D生物打印技术研究。华中科技大学材料成形与模具技术国家重点实验室史玉升团队主要从事塑性成形制造技术与装备、快速成形制造技术与装备、快速三维测量技术与装备等静压近净成形技术研究。西安交通大学制造系统工程国家重点实验室以及快速制造技术及装备国家工程研究中心的卢秉恒院士团队主要从事高分子材料光固化3D打印技术及装备研究。

2. 整体实力不断提升，金属3D打印技术世界领先

我国增材制造技术从零起步，在广大科技人员的共同努力下，技术整体实力不断提升，在3D打印的主要技术领域都开展了研究，取得了一大批重要的研究成果。目前高性能金属零件激光直接成形技术世界领先，并攻克了金属材料3D打印的变形、翘曲、开裂等关键问题，成为首个利用选择性激光熔化(SLM)技术制造大型金属零部件的国家。北京航空航天大学已掌握使用激光快速成形技术制造超过 $12 \ m^2$ 的复杂钛合金构件的方法。西北工业大学的激光立体成形技术可一次打印超过 5 m 的钛金属飞机部件，构件的综合性能达到或超过锻件。北京航空航天大学和西北工业大学的高性能金属零件激光直接成形技术已成功应用于制造我国自主研发的大型客机C919的主风挡窗框、中央翼根肋，成功降低了飞机的结构重量，缩短了设计时间，使我国成为目前世界上唯一掌握激光成形钛合金大型主承力构件制造且付诸实用的国家。

3. 产业化进程加快，初步形成小规模产业市场

利用高校、科研院所的研究成果，依托相关技术研究机构，我国已涌现出20多家3D打印制造设备与服务的企业，如北京隆源、武汉滨湖机电、北方恒力、湖南华曙、北京太尔时代、西安铂力特等。这些公司的产品已在国家多项重点型号研制和生产过程中得到了应用，如应用于C919大型商用客机中央翼身缘条钛合金构件的制造，这项应用是目前国内金属3D打印技术的领先者；武汉滨湖机电技术产业有限公司主要生产LOM、SLA、SLS、SLM系列产品并进行技术服务和咨询，1994年就成功开发出我国第一台快速成形装备——薄材叠层快速成形系统，该公司开发生产的大型激光快速制造装备具有国际领先水平；2013年华中科技大学开发出全球首台工作台面为 $1.4 \ m \times 1.4 \ m$ 的四振镜激光器选择性激光粉末烧结装备，标志着其粉末烧结技术达到了国际领先水平。

4. 应用取得突破，在多个领域显示了良好的发展前景

随着关键技术的不断突破，以及产业的稳步发展，我国3D打印技术的应用也取得了较大进展，已成功应用于设计、制造、维修等产品的全寿命周期。

(1) 在设计阶段，已成功将3D打印技术广泛应用于概念设计、原型制作、

产品评审、功能验证等，显著缩短了设计时间，节约了研制经费。在研制新型战斗机的过程中，采用金属 3D 打印技术快速制造钛合金主体结构，在一年之内连续组装了多架飞机进行飞行试验，显著缩短了研制时间。某新型运输机在做首飞前的静力试验时，发现起落架连接部位一个很复杂的结构件存在问题，需要更换材料、重新加工。采用 3D 打印技术，在很短的时间内就生产出了需要的部件，保证了试验如期进行。

（2）在制造领域，已将 3D 打印技术应用于飞机紧密部件和大型复杂结构件制造。我国国产大型客机 C919 的中央翼根肋、主风挡窗框都采用 3D 打印技术制造，显著降低了成本，节约了时间。C919 主风挡窗框若采用传统工艺制造，国内制造能力尚无法满足，必须向国外订购，时间至少需要 2 年，模具费需要 1300 万元。采用激光快速成形 3D 打印技术制造，时间可缩短到 2 个月内，成本降低到 120 万元。

（3）在维修保障领域，3D 打印技术已成功应用于飞机部件维修。当前，我国已将 3D 打印技术应用于制造过程中报废和使用过程中受损的航空发动机叶片的修复，以及大型齿轮的修复。

1.5.4　3D 打印技术在国内的发展趋势

1. 3D 打印既是制造业，更是服务业

3D 打印的产业链涉及很多环节，包括 3D 打印机设备制造商、3D 模型软件供应商、3D 打印机服务商和 3D 打印材料的供应商。因此围绕 3D 打印的产业链会使企业产生很多机会。在 3D 打印产业链里，除了出现大品牌的生产厂商外，也有可能出现基于 3D 打印提供服务的巨头。

2. 目前 3D 打印产业处于产业化的初期阶段

目前我国 3D 打印技术发展面临诸多挑战，总体处于新兴技术产业化的初级阶段，主要表现在：

（1）产业规模化程度不高。3D 打印技术大多还停留在高校及科研机构的实验室内，企业规模普遍较小。

（2）技术创新体系不健全。创新资源相对分割，标准、试验检测、研发等公共服务平台缺乏。

（3）产业政策体系尚未完善。缺乏前瞻性、一致性、系统性的产业政策体系，包括发展规划和财税支持政策等。

（4）行业管理亟待加强。

（5）教育和培训制度急需加强。

3. 与传统的制造技术形成互补

相比于传统生产方式，3D打印技术的确是重大的变革，但目前和近中期还不具备推动第三次工业革命的实力，短期内还难以颠覆整个传统制造业模式。理由有三：

(1) 3D打印只是新的精密技术与信息化技术的融合，相比于机械化大生产，不是替代关系，而是平行和互补关系。

(2) 3D打印原材料种类有限，决定了绝大多数产品打印不出来。

(3) 个性化打印成本极高，很难实现传统制造方式的大批量、低成本制造。

4. 3D打印技术是典型的颠覆性技术

从长期来看，这项技术最终将给工业生产和经济组织模式带来颠覆性的改变。3D打印技术其实就是颠覆性、破坏性的技术。当前，3D打印技术的应用被局限于高度专门化的需求市场或细分市场(如医疗或模具)。但颠覆性技术会不断发展，以低成本满足较高端市场的需要，然后以"农村包围城市"的方式逐步夺取天下。尽管3D打印主要适用于小批量生产，但是其打印的产品远远优于传统制造业生产的产品——更轻便、更坚固、定制化、多种零件直接整组成形。3D打印的另一个颠覆性特征是：单台机器能创建各种完全不同的产品。而传统制造方式需要改变流水线才能完成定制生产，其过程需要昂贵的设备投资和长时间的工厂停机。不难想象，未来的工厂用同一个车间的3D打印机既可制造茶杯，又能制造汽车零部件，还能量身定制医疗产品。

十余年来，3D打印技术已经步入初成熟期，已经从早期的原型制造发展出包含多种功能、多种材料、多种应用的许多工艺，在概念上正在从快速原型转变为快速制造，在功能上从完成原型制造向批量定制发展。基于这个基本趋势，3D打印设备已逐步向概念型、生产型和专用成形设备分化。

1) 概念模型

3D打印设备是指利用3D打印工艺制造用于产品设计、测试或者装配等的原型。所成形的零件主要在于形状、色彩等外观表达功能，对材料的性能要求较低。这种设备当前总的发展趋势是：成形速度快；产品具有连续变化的多彩色(多材料)；普通微机控制，通过标准接口进行通信；体积小，是一种桌面设备；价格低；绿色制造方式，无污染、无噪声。

2) 生产型设备

生产型设备是指能生产最终零件的3D打印设备。与概念原型设备相比，这种设备一般对产品有较高的精度、性能和成形效率要求，设备和材料价格较昂贵。

3）应用于生物医学制造领域的专用成形设备

应用于生物医学制造领域的专用成形设备是今后发展的趋势。3D 打印设备能够生产任意复杂形状、高度个性化的产品，能够同时处理多种材料，制造具有材料梯度和结构梯度的产品。这些特点正好满足生物医学领域，特别是组织工程领域一些产品的成形要求。

1.5.5 3D 打印技术发展的未来

1. 材料成形和材料制备

3D 打印技术基于离散/堆积原理，采用多种直写技术控制单元材料状态，将传统上相互独立的材料制备和材料成形过程合而为一，建立了从零件成形信息及材料功能信息数字化到物理实现数字化之间的直接映射，实现了从材料和零件的设计思想到物理实现的一体化。

2. 直写技术

直写技术用来创造一种由活动的细胞、蛋白、DNA 片段、抗体等组成的三维工程机构，将在生物芯片、生物电气装置、探针探测、更高柔性的 RP 工艺、柔性电子装置、生物材料加工和操纵自然生命系统、培养变态和癌细胞等方面中具有不可估量的作用。其最大的作用在于用制造的概念和方法完成活体成形，突破了千百年禁锢人们思想的枷锁——制造与生长之界限。

（1）开发新的直写技术，扩大适用于 3D 打印技术的材料范围，进入到细胞等活性材料领域。

（2）控制更小的材料单元，提高控制的精度，解决精度和速度的矛盾。

（3）对 3D 打印工艺进行建模、计算机仿真和优化，从而提高 3D 打印技术的精度，实现真正的净成形。

（4）随着 3D 打印技术进入到生物材料中功能性材料的成形，材料在直写过程中的物理化学变化尤其应得到重视。

3. 生物制造与生长成形

（1）"生物零件"应该为每个个体的人设计和制造，而 3D 打印能够成形任意复杂的形状，提供个性化服务。

（2）快速原型能够直接操纵材料状态，使材料状态与物理位置匹配。

（3）3D 打印技术可以直接操纵数字化的材料单元，给信息直接转换为物理实现提供了最快的方式。

4. 计算机外设和网络制造

3D 打印技术是全数字化的制造技术，3D 打印设备的三维成形功能和普通

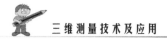

打印机具有共同的特性。小型的桌面 3D 打印设备有潜力作为计算机的外设进入艺术和设计工作室、学校和教育机构甚至家庭，成为设计师检验设计概念、学校培养学生创造性设计思维、家庭进行个性化设计的工具。

5. 快速原型与微纳米制造

微纳米制造是制造科学中的一个热点问题，根据 3D 打印的原理和方法制造 MEMS 是一个有潜力的方向。目前，常用的微加工技术方法从加工原理上属于通过切削加工去除材料、"由大到小"的去除成形工艺，难以加工三维异形微结构，使零件尺寸深宽比的进一步增加受到了限制。快速原型根据离散/堆积的降维制造原理，能制造任意复杂形状的零件。另外，3D 打印对异质材料的控制能力，也可以用于制造复合材料或功能梯度的微机械。

综上所述，3D 打印存在以下问题：

(1) 3D 打印设备价格偏高，投资大，成形精度有限，成形速度慢。

(2) 3D 打印工艺对材料有特殊要求，其专用成形材料的价格相对偏高。

这些缺点影响了 3D 打印技术的普及应用，但随着其理论研究和实际应用不断向纵深发展，这些问题将得到不同程度的解决。可以预期，未来的 3D 打印技术将会更加充满活力。

6. 3D 打印技术的发展路线

- 技术发展：3D➡4D(智能结构)➡5D(生命体)。
- 应用发展：快速原型➡产品开发➡批量制造。
- 材料发展：树脂➡金属材料➡陶瓷材料➡生物活性材料。
- 模式发展：科技企业➡产业➡分散式制造。
- 产业发展：装备➡各领域应用➡尖端科技。
- 人员发展：科技界➡企业➡金融➡创客➡协同创新。

第 2 章 工件3D打印数字模型建立

近两年兴起的 3D 打印技术，引起了人们的极大好奇与广泛关注，3D 打印将带来制造业的革命。3D 打印机的出现使得企业在生产部件的时候可以不需要考虑生产工艺问题，已逐渐在某些领域表现出巨大的实用价值，例如，在医学领域得到了广泛应用(制作义齿、假肢、器官等)。3D 打印的技术特点决定其会朝着"私人定制(个性化需求)"的方向发展，这种不需要复杂工艺技术的制造方法为大众参与 3D 设计和制造提供了机会，而随着大量民众的参与，对 3D 模型建立的方法与软件又会产生巨大的需求。另一方面，随着云计算、物联网等科学和技术的发展，将会出现越来越便利的 3D 建模工具，比如 Autodesk 123D正在将 3D 技术从专业变成非专业，人们接触 3D 技术的门槛将越来越低，创造的 3D 模型也会越来越丰富。我们坚信，日后 3D 技术将"飞入寻常百姓家"，会越来越平民化，且成为人们生活中重要的一部分。

我们再来看一下这几年一些巨头科技公司的变化。2011 年，微软公司的 Kinect 让人们获取 3D 数据的硬件代价降低了许多；2012 年，3D 打印的兴起造就了两家上市公司 Stratasys 和 3D Systems；2013 年，苹果公司收购了 Kinect 的核心技术公司 PrimeSense，谷歌公司收购了大名鼎鼎的机器人公司 Boston Dynamics。这些都说明，越来越多的高科技企业在快速发展 3D 科技，3D 时代已经来临！

尽管人们对 3D 建模技术有了越来越多的需求，但是当前，人们对 3D 建模技术的了解还远远不够，大部分的人对 3D 建模方法仍然很陌生。本章节所介绍的 3D 建模方法、技术与软件工具，将对 3D 数字模型建立的教育与培训，普及 3D 技术与培养 3D 技术人才发挥出巨大的价值。

2.1 3D 建模方法——正向工程

2.1.1 正向工程的原理及意义

传统工业产品的开发均是循着序列严谨的研发流程，从功能与规格的预期指标确定开始，构思产品的零部件需求，再由各个元件的设计、制造，检验零部件组装和整机组装以及性能测试等程序来完成。每个元件都保留有原始的设计图，此设计图目前已广泛采用计算机辅助设计(CAD)软件的图形文档来保存。每个零件的加工也有所谓的工令图表，对复杂形状零件需要三维数控机床加工的，则用计算机辅助制造(CAM)软件产生数控(NC)加工代码文档来保存。每个零件的尺寸合格与否，则通过产品质量管理检验报告来记录。这些记录档案均属公司的知识产权，一般通称机密(Know-how)。这种开发模式称为预定模式(Prescriptive Model)，此类从零件的功能设计、结构设计开始，到图纸绘制、制定工艺、生产产品的工程开发流程，业界亦通称为正向工程(For Ward Engineering)。

然而，随着工业技术的提升以及经济环境的成长，任何通用性产品在消费者的高品质要求之下，功能上的需求满足已不再是赢得市场竞争力的唯一条件。近代，在高性能计算机辅助工程(CAE)软件的带动下，"工业设计"(又称"产品设计")这一新兴领域已受到重视，任何产品不仅功能上要求先进，其外观(Object Appearance)上也需要作美观化造型设计，以吸引消费者的眼球。这些产品设计理念在正向工程的流程中，已不是传统的机械工程师们所能胜任的。一些具有美工背景的设计师们可在 CAE 的技术支持下，构思出创新的美观外型，再以手工方式利用各种材料塑造出如木模、石膏模、黏土模、蜡模、工程塑胶模、玻璃纤维模等实体模型。将这些模型再以三维尺寸量测的方式，建立出具有复杂曲面模型的 CAD 图形文档。这种建模方法具有了逆向工程的理念，但仍属正向工程的一环，公司仍保有设计图的知识产权。

因此，正向工程可归纳为：功能导向(Functionally-oriented)、物件导向(Object-oriented)、预定模式(Prescriptive Model)、系统开发(System To-be)以及所属权的系统(Legacy System)。在还未使用电脑绘图以前，工程图大多是由手工绘制的，此时以二维(2D)草图为主要的施工图，组装部分则以轴测图来描述三维(3D)立体结构，此时 2D 与 3D 的设计图分开独立绘制，因此还称不上所谓的正向工程。在计算机硬件与软件发展成熟的今天，利用电脑绘图来取代手工绘图，此过程中，由电脑所绘制的 2D 图档，经由适当的排列后，可以方便地绘制 3D 立体图。此种将概念与尺寸表达在 2D 平面图上，然后利用 2D 的图素与相关尺寸，绘制成 3D 立体图的过程可以说是一种正向工程。

2.1.2 正向工程的案例：地球仪拼图

设计思想：普通拼图都是用小型平面图形拼接成一幅完整的图形，本设计的目的是用曲面小图块拼接出一个完整的球体，实现地球仪的三维立体拼图。

同时，为了减少制作曲面小图块的模具种类，将所有曲面小图块的形状设计成完全一致。具体方法如下：

（1）根据球面几何分析，可以将一个完整的球最多分成 20 个完全相同的正三角形，然后将三角形的每条边设计成拼图形状，如图 2-1 所示。

（2）为了增加拼图数量以及改善小图块的形状，以正三角形的中心为起点将每个正三角形进一步分成 3 个完全一致的小拼图图块，如图 2-2 所示。最终得到如图 2-3 和图 2-4 所示的结果。

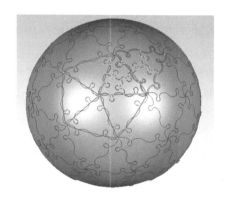

图 2-1　将圆球分割成 20 个
完全一致的正三角形

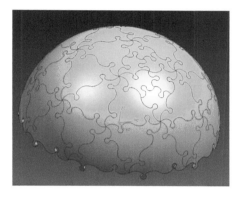

图 2-2　三角形状拼图图块

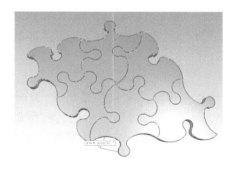

图 2-3　小拼图图块组

图 2-4　最终小拼图图块

2.1.3　常用软件介绍

目前，在市场上可以看到许多优秀的建模软件，比较知名的有 3DMAX、Maya、UG、Solidwork 以及 AutoCAD 等。它们的共同特点是利用一些基本的几何元素，如立方体、球体等，通过一系列几何操作，如平移、旋转、拉伸以及

布尔运算等,来构建复杂的几何场景。

1. 专业 3D 建模软件

1) 3D Studio Max

3D Studio Max 常简称为 3Ds Max 或 MAX,是 Discreet 公司开发的(后被 Autodesk 公司合并)基于 PC 系统的三维动画渲染和制作软件,也是用户群最为广泛的 3D 建模软件之一。该软件常用于建筑模型、工业模型、室内设计等行业。3D Studio Max 的插件很多,有些很强大,基本上都能满足一般 3D 的建模需求。3D Studio Max 的前身是基于 DOS 操作系统的 3D Studio 系列软件。在 Windows NT 出现以前,工业级的 CG(计算机图形学技术)制作被 SGI 图形工作站所垄断。3D Studio Max + Windows NT 组合的出现一下子降低了 CG 制作的门槛,首先被运用于电脑游戏中的动画制作,后更进一步开始参与影视片的特效制作,例如 X 战警Ⅱ,最后的武士等。在 Discreet 3Ds Max 7 后,正式更名为 Autodesk 3Ds Max,其最新版本是 3Ds Max 2017。

2) Autodesk Maya

Autodesk Maya 是美国 Autodesk 公司出品的世界顶级的三维动画软件,应用对象是专业的影视广告、角色动画、电影特技等。Maya 功能完善、工作灵活、易学易用、制作效率极高,渲染真实感极强,是电影级别的高端制作软件。Maya 集成了 Alias、Wavefront 最先进的动画及数字效果技术,它不仅包括一般三维和视觉效果制作的功能,而且还与最先进的建模、数字化布料模拟、毛发渲染、运动匹配技术相结合。Maya 可在 Windows NT 与 SGI IRIX 操作系统上运行。在目前市场上用来进行数字和三维制作的工具中,Maya 是首选的解决方案。

3) LightWave

LightWave 是为数不多的具有悠久历史和众多成功案例的重量级 3D 软件之一。由美国 NewTek 公司开发的 LightWave 3D 是一款高性价比的三维动画制作软件,它的功能非常强大。LightWave 3D 从有趣的 AMIGA 开始,发展到今天的 11.5 版本,已经可以支持 WINDOWS98/NT/2000/Me、MACOS9/Xp、Win7 等。被广泛应用在电影、电视、游戏、网页、广告、印刷、动画等各领域。它操作简便、易学易用,在生物建模和角色动画方面的功能异常强大;基于光线跟踪、光能传递等技术的渲染模块,令它的渲染品质几尽完美。它的优异性能倍受影视特效制作公司和游戏开发商的青睐。火爆一时的好莱坞大片《泰坦尼克号》中细致逼真的船体模型、《RED PLANET》中的电影特效以及《恐龙危机 2》、《生化危机—代号维洛尼卡》等许多经典游戏均由 LightWave 3D 开发制作完成。

4) Rhino(犀牛)

Rhino 是美国 Robert McNeel & Assoc 开发的 PC 上强大的专业 3D 造型软件，它可以广泛地应用于三维动画制作、工业制造、科学研究以及机械设计等领域。它能轻易整合 3Ds MAX 与 Softimage 的模型功能部分，对要求精细、弹性与复杂的 3D NURBS 模型，有点石成金的效能。能输出 obj、DXF、IGES、STL、3dm 等不同格式文档，并适用于几乎所有的 3D 软件，尤其对提升整个 3D 工作团队的模型生产力有明显效果，故使用 3Ds Max、AutoCAD、Maya、Softimage、Houdini、Lightwave 等 3D 设计软件的人员不可不学习使用 Rhino 软件。Rhino 软件不大，硬件要求也很低，但它包含了所有的 NURBS 建模功能，用它建模感觉非常流畅。通常可用它来建模，然后导出高精度模型给其他三维软件使用。

5) Cinema 4D

Cinema 4D 由德国 Maxon Computer 开发，以极高的运算速度和强大的渲染插件著称，其很多模块的功能在同类软件中代表科技进步的成果，在各类电影制作中表现突出。Cinema 4D 应用广泛，在广告、电影、工业设计等方面都有出色的表现，例如影片《阿凡达》由花鸦三维影动研究室的中国工作人员使用 Cinema 4D 制作了部分场景，在这样的大片中看到 Cinema 4D 的表现也是很优秀的。它正成为许多一流艺术家和电影公司的首选，Cinema 4D 已经走向成熟。

6) Multigen Creator

Multigen Creator 系列软件由美国 Multigen-Paradigm (www. multigen. com)公司开发，它拥有针对实时应用优化的 OpenFlight 数据格式，具有强大的多边形建模、矢量建模、大面积地形精确生成功能以及多种专业选项和插件，能高效、最优化地生成实时三维(RT3D)数据库，并与后续的实时仿真软件紧密结合，在视景仿真、模拟训练、城市仿真、交互式游戏、工程应用及科学可视化等实时仿真领域有着世界领先的地位。Multigen Creator 是一个软件包，专门创建用于视景仿真的实时三维模型。Creator 使得输入、结构化、修改、创建原型和优化模型数据库更容易。它不仅可用于大型的视景仿真，也可用于娱乐游戏环境的创建。其强大之处在于管理 3D 模型数据的数据库，使得输入、结构化、修改、创建原型和优化模型数据库都非常容易。

从上述介绍可知，美国 Autodesk(欧特克)公司当之无愧是当今 3D 建模和动画领域的领导者，它收购了很多的软件公司，拥有 3Ds Max、Maya、Auto-CAD 等 3D 建模和动画专业软件。3Ds Max 和 Maya 在 3D 建模方面各有特色，前者更为大众化，相对容易掌握，后者在专业级的行业中应用更为广泛，特别在制作动画和高质量渲染方面强于前者。LightWave 在 3D 动画方面表现强大。

Rhino 对 NURBS 曲面的支持效果更好。Creator 适合于构建大量的 3D 模型并构建数据库对其进行管理和修改。

2. CAD 建模和产品设计软件

1) AutoCAD

AutoCAD(Autodesk Computer Aided Design, Auto CAD)是 Autodesk(欧特克)公司于 1982 年首次开发的自动计算机辅助设计软件，用于二维绘图、详细绘制、设计文档和基本三维设计，现已经成为国际上广为流行的绘图工具。AutoCAD 具有良好的用户界面，通过交互菜单或命令行方式便可以进行各种操作。它的多文档设计环境，让非计算机专业人员也能很快地学会使用，并在不断实践的过程中更好地掌握它的各种应用和开发技巧，从而不断提高工作效率。AutoCAD 具有广泛的适应性，它可以在各种操作系统支持的微型计算机和工作站上运行，可用于二维制图和基本三维设计。无需懂得编程，通过它即可自动制图，因此在全球被广泛使用，它可以应用于土木建筑、装饰装潢、工业制图、工程制图、电子工业、服装加工、机械设计、航空航天、轻工化工等诸多领域。

2) CATIA

CATIA 是法国 Dassault System 公司的 CAD/CAE/CAM 一体化软件，居世界 CAD/CAE/CAM 领域的主导地位，被广泛应用于航空航天、汽车制造、造船、机械制造、电子电器、消费品等行业，它的集成解决方案覆盖所有的产品设计与制造领域，其特有的 DMU 电子样机模块功能及混合建模技术更是推动着企业竞争力和生产力的提高。CATIA 提供方便的解决方案，迎合所有工业领域的大、中、小型企业需要。从大型的波音 747 飞机、火箭发动机到化妆品的包装盒，几乎涵盖了制造业的所有产品。在世界上有超过 13 000 的用户选择了 CATIA。CATIA 源于航空航天业，但其强大的功能已得到各行业的认可，在欧洲汽车业，它已成为事实上的标准。CATIA 的著名用户包括波音、克莱斯勒、宝马、奔驰等一大批知名企业，其用户群体在世界制造业中具有举足轻重的地位。波音飞机公司使用 CATIA 完成了整个波音 777 的电子装配，创造了业界的一个奇迹，从而也确定了 CATIA 在 CAD/CAE/CAM 行业内的领先地位。

CATIA 先进的混合建模技术具体表现在以下几方面：

(1) 设计对象的混合建模。在 CATIA 的设计环境中，无论是实体还是曲面，做到了真正的交互操作。

(2) 变量和参数化混合建模。在设计时，设计者不必考虑如何参数化设计目标，CATIA 提供了变量驱动及后参数化能力。

（3）几何和智能工程混合建模。对于一个企业，可以将企业多年的经验积累到 CATIA 的知识库中，用于指导本企业新手或指导新车型的开发，缩短新型号推向市场的时间。

CATIA 具有在整个产品周期内方便修改的能力，尤其是后期修改。无论是实体建模还是曲面造型，由于 CATIA 提供了智能化的树结构，用户可方便快捷地对产品进行重复修改，即使是在设计的最后阶段需要做重大的修改，或者是对原有方案的更新换代，对于 CATIA 来说，都是非常容易的事。

3）SolidWorks

SolidWorks 软件是世界上第一个基于 Windows 开发的三维 CAD 系统软件，由于技术创新符合 CAD 技术的发展潮流和趋势，SolidWorks 公司于两年间成为 CAD/ CAM 产业中获利最高的公司。SolidWorks 具有易用、稳定和创新三大特点，这使得 SolidWorks 成为领先的、主流的三维 CAD 解决方案。SolidWorks 能够提供不同的设计方案、减少设计过程中的错误以及提高产品质量。使用它，可以大大缩短设计师的设计时间，加快产品制造效率，为产品高效地投向市场提供保证。

Solidworks 系统自带的标准件库包含螺栓、螺母、螺钉、螺柱、键、销、垫圈、挡圈、密封圈、弹簧、型材、法兰等常用零部件，模型数据可被直接调用。这可以大大地提高设计效率。

SolidWorks 后被法国 Dassault Systems 公司（开发 Catia 的公司）所收购。相对于其他同类产品，由于使用了 Windows OLE 技术、直观式设计技术、先进的 parasolid 内核（由剑桥提供）以及良好的与第三方软件集成技术，使 Solid-Works 成为全球装机量最大、最好用的软件。资料显示，目前全球发放的 SolidWorks 软件使用许可约 28 万份，涉及航空航天、机车、食品、机械、国防、交通、模具、电子通讯、医疗器械、娱乐工业、日用品/消费品、离散制造等行业，分布于全球 100 多个国家约 31 000 家企业。在教育市场上，每年来自全球 4300 所教育机构的近 145 000 名学生通过 SolidWorks 的培训课程。

4）UG

UG（Unigraphics NX）是 Siemens PLM Software 公司出品的一个产品工程解决方案，它为用户的产品设计及加工过程提供了数字化造型和验证手段。Unigraphics NX 针对用户虚拟产品设计和工艺设计的需求，提供了经过实践验证的解决方案。UG 同时也是用户指南（User Guide）和普遍语法（Universal Grammar）的缩写。

这是一个交互式 CAD/CAM 系统，它功能强大，可以轻松实现各种复杂实体及造型的建构。它在诞生之初主要基于工作站，但随着 PC 硬件的发展和个人用户的迅速增长，其在 PC 上的应用也取得了迅猛的增长，已经成为模具行业三维设计的一个主流应用。

UG 的开发始于 1969 年，它是基于 C 语言开发实现的。UG NX 是在二维和三维空间无结构网格上使用自适应多重网格方法开发的一个灵活的数值求解偏微分方程的软件工具。

5）Creo

Creo 是美国 PTC 公司于 2010 年 10 月推出的 CAD 设计软件包。Creo 是整合了 PTC 公司的三个软件 Pro/Engineer(是一款集 CAD/CAM/CAE 为一体的三维软件，在参数化设计和基于特征的建模方法方面具有独特的功能，在模具设计与制造方面功能强大，机械行业用的比较多) 的参数化技术、CoCreate 的直接建模技术和 ProductView 的三维可视化技术的新型 CAD 设计软件包，是 PTC 公司闪电计划所推出的第一个产品。它是一个整合 Pro/Engineer、CoCreate 和 Product View 三大软件并重新分发的新型 CAD 设计软件包，针对不同的任务应用将采用更为简单化的子应用方式，所有子应用采用统一的文件格式。Creo 的目的在于解决 CAD 系统难用及多 CAD 系统数据共享等问题。

Creo 在拉丁语中是创新的含义。Creo 的推出，是为了解决困扰制造企业在应用 CAD 软件中的 4 大难题。CAD 软件已经应用了几十年，三维软件也已经出现了二十多年，似乎技术与市场逐渐趋于成熟。但是，制造企业在 CAD 应用方面仍然面临着 4 大核心问题：

（1）易用性。CAD 软件虽然已经技术上逐渐成熟，但是软件的操作还很复杂，宜人化程度有待提高。

（2）互操作性。不同的设计软件造型方法各异，包括特征造型、直觉造型等，二维设计还在广泛应用。但这些软件相对独立，操作方式完全不同，对于客户来说，鱼和熊掌不可兼得。

（3）数据转换。这个问题依然是困扰 CAD 软件应用客户的大问题。一些厂商试图通过图形文件的标准来锁定用户，因而导致用户有很高的数据转换成本。

（4）配置需求。由于客户需求的差异，往往会造成由于复杂的配置而大大延长产品交付的时间。

Creo 的推出，正是为了从根本上解决这些制造企业在 CAD 应用中面临的核心问题，从而真正将企业的创新能力发挥出来，帮助企业提升研发协作水平，让 CAD 应用真正提高效率，为企业创造价值。

除了上述几种软件之外，还有很多行业设计软件，但目前使用最多的是 SolidWorks 软件。SolidWorks 使用方便，设计和出图的速度快(采用 Windows

技术，支持特征化的"剪切、复制、粘贴"操作），而且价格便宜。SolidWorks 兼容了中国国标，可以直接取一些标准件和图框，不需要安装外挂。除了上述所介绍的 CAD/CAE /CAM 系统软件，还有其他一些同类产品，比如法国 Missler 公司的 Topsolid 和以色列 Cimatron 公司的 Cimatron。一般在机械设计与产品研发相关的行业中才会接触到这些软件，专业性比较强，在网上很容易能找到它们的相关资料。

3. 简单易用 3D 建模软件

1）笔刷式高精度建模软件

笔刷式高精度建模软件，顾名思义，就是像艺术家那样用不同的"笔刷"工具在模型表面上进行"雕刻"的自由创作。建模过程就像玩橡皮泥一样，利用拉、捏、推、扭等操作来对几何体进行编辑，生成任意高度复杂和丰富的几何细节（如怪兽的复杂表面细节）。这些工具的出现颠覆了过去传统三维设计工具的工作模式，解放了艺术家们的双手和思维，告别过去那种依靠鼠标和参数来笨拙创作的模式，完全尊重设计师的创作灵感和传统工作习惯。

（1）ZBrush。美国 Pixologic 公司开发的 ZBrush 软件是世界上第一个让艺术家感到能无约束自由创作的 3D 设计工具。ZBrush 能够雕刻高达 10 亿多边形的模型，所以说限制只取决于艺术家自身的想象力。

（2）MudBox。MudBox 是 Autodesk 公司的 3D 雕刻建模软件，它和 ZBrush 相比各有千秋。在某些人看来，MudBox 的功能甚至超过了 ZBrush，可谓 ZBrush 的超级杀手。

（3）MeshMixer。最近，Autodesk 公司又开发出一款笔刷式 3D 建模工具 MeshMixer，它能让用户通过笔刷式的交互，融合现有模型来创建 3D 模型（似乎是类似于 Poisson 融合或 Laplacian 融合的技术），比如类似"牛头马面"的混合 3D 模型。

2）Autodesk 123D

Autodesk 123D 是欧特克公司（推出过知名的 AutoCAD）发布的一套适用于普通用户的建模软件。该系列软件为用户提供多种方式生成 3D 模型：用最简单直接的拖拽 3D 模型并进行编辑的方式进行建模；或者直接将拍摄好的数码照片在云端处理为 3D 模型。如果喜欢自己动手制作，123D 系列软件同样为爱动手的用户提供了多种方式来发挥自己的创造力。不需要复杂的专业知识，任何人都可以轻松使用 123D 系列产品。Autodesk 123D 系列有 6 款工具，包括 123D Catch、123D Creature 、123D Design、123D Make、123D Sculpt 以及 TinkerCAD。

（1）123D Design。123D Design 是一款免费的 3D CAD 工具，可以使用一些简单的图形来设计、创建、编辑三维模型，或者在一个已有的模型上进行修改。123D Design 打破了常规专业 CAD 软件从草图生成三维模型的建模方法，提供了一些简单的三维图形，通过对这些简单图形的堆砌和编辑，可生成复杂形状。这种"傻瓜式"的建模方式感觉像是在搭积木，即使不是一个 CAD 建模工程师，也能随心所欲地在 123D Design 里建模。

（2）123D Catch。123D Catch 才是本文推荐的重点，它利用云计算的强大能力，可将数码照片迅速转换为逼真的三维模型。只要使用傻瓜相机、手机或高级数码单反相机抓拍物体、人物或场景，人人都能利用 123D Catch 将照片转换成生动鲜活的三维模型。通过该应用程序，使用者还可在三维环境中轻松捕捉自身的头像或度假场景。同时，此款应用程序还带有内置共享功能，可供用户在移动设备及社交媒体上共享短片和动画。

（3）123D Make。当制作好一些不错的 3D 模型之后，就可以利用 123D Make 来将它们制作成实物。它能够将数字三维模型转换为二维切割图案，用户可利用硬纸板、木料、布料、金属或塑料等低成本材料将这些图案迅速拼装成实物，从而再现原来的数字化模型。123D Make 可支持用户创作美术、家具、雕塑或其他简单的样机，以便测试设计方案在现实世界中的效果。欧特克开发的这项技术能像数字化工程师一样帮助个人用户创建三维模型，并最终将其转化为实物。123D Make 的设计初衷是为了使用户能够发挥创意，让他们能够在量产产品无法满足要求时，自行创建所需的产品。难道这就是传说中 3D 打印机的雏形？

（4）123D Sculpt。123D Sculpt 让我们走入了多半不会亲手尝试的艺术领域：雕塑！它是一款运行在 iPad 上的应用程序，可以让每一个喜欢创作的人轻松地制作出属于自己的雕塑模型，并且在这些雕塑模型上绘画。123D Sculpt 内置了许多基本形状和物品，例如圆形和方形，人的头部模型、汽车、小狗、恐龙、蜥蜴、飞机等。

使用软件内置的造型工具，也要比石雕凿和雕塑刀来得快了。通过拉升、推挤、扁平、凸起等操作，123D Sculpt 里的初级模型很快拥有极具个性的外形。接下来，通过工具栏最下方的颜色及贴图工具，模型就不再是单调的石膏灰色了。另外，模型所处背景也是可以更换的，它可以将充满想象力的作品带到一个全新的三维领域。

（5）123D Creature。123D Creature 也是一款有趣的基于 iOS 的 3D 建模类软件，利用它可根据用户的想象来创造出各种生物模型。无论是现实生活中存在的，还是只存在于想象中的怪物，都可以用 123D Creature 创造出来。用户通过对骨骼、皮肤、肌肉以及动作的调整和编辑，创建出各种奇形怪状的 3D 模型。同时，123D Creature 已经集成了 123D Sculpt 所有的功能，是一款比 123D Sculpt 更强大的 3D 建模软件，对喜欢思考和动手的用户来说是一个不错的选择。

（6）TinkerCAD。TinkerCAD 是 Autodesk 公司于 2013 年 5 月收购的一款发展成熟的网页 3D 建模工具。TinkerCAD 有非常体贴用户的 3D 建模使用教程，手把手指导用户使用 TinerCAD 进行建模，让用户很快上手。在功能上，TinkerCAD 和 123D 系列的另一款产品 123D Design 非常接近，但是 TinkerCAD 的设计界面色彩鲜艳可爱，操作更容易，很适合少年儿童建模使用。

2.1.4　典型软件(Rhino)应用实例

本实例应用 Rhino 软件对如图 2-5 所示的电水壶进行建模，通过本实例，可初步了解 Rhino 软件的一些命令及其用法。

水壶主要由壶嘴、主体、手柄三部分组成。主体可以通过画一根线来旋转成形，这里需要画曲线并旋转成形，对画线的技术要求比较高。壶嘴可以通过画两根导轨线和一根截面线来扫略成形，这里不用考虑半径圆管，可以通过控制点调整。手柄部分与壶嘴部分成形方法相似。盖子和压盖板

图 2-5　电水壶示意图

最后制作。下面结合软件命令详细介绍建模方法与步骤。

1. 制作主体部分

水壶高 200 mm，半径 140 mm。首先画一个矩形方框，高 200 mm、宽 140 mm，水壶主体就在这个框里制作。用"FRONT"命令画辅助线、上盖和下塑料座位置。绘制曲线，平滑的位置曲线点少，转折部分曲线点多些。画好后对比效果图，调整曲线，效果如图 2-6 所示。

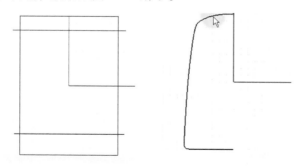

图 2-6　画主体曲线

应用"旋转"命令，打开记录构建历史，旋转成形的效果如图 2-7 所示。可

以通过不断的调整曲线来获得满意的壶主体效果。

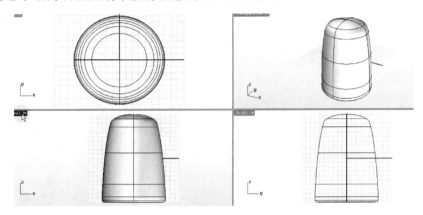

图 2-7　旋转成曲面

2. 壶嘴部分

首先确定壶嘴位置，绘制曲线。打开记录构建历史，建立圆管（平头）。画好之后对比，壶嘴部分较大，打开记录构建历史，将壶嘴缩小。删除原来的圆管。炸开，删掉上下圆管盖。现有结构线过多，简化一下结构线。应用"FIT"命令以公差重新配合曲面，效果如图 2-8 所示。为框选点并调整结构线，效果如图 2-9 所示。

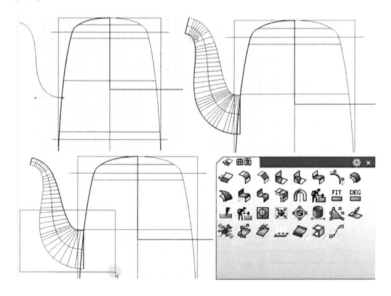

图 2-8　壶嘴

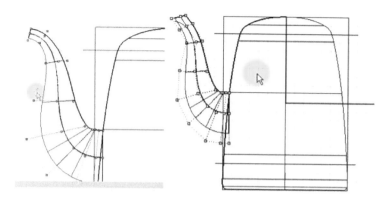

图 2-9   结构线调整

画一条直线,切割壶嘴,在壶嘴完全调整好之后再切割。观察前视图曲线,其必须圆滑,右视图壶嘴曲线也必须平滑(单轴缩放,调整),效果如图 2-10所示。

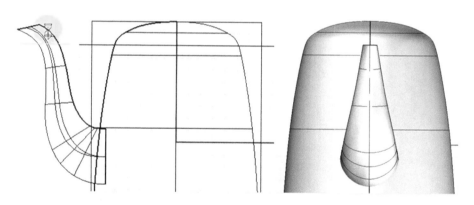

图 2-10   壶嘴切割

3. 手柄部分制作

绘制手柄曲线。先确定其位置,再用曲线绘制手柄。TOP 视图并将曲线向下挪动,镜像得到手柄宽度,如图 2-11 所示。

绘制截面线。沿着起点、终点、半径画弧。在透视图中捕捉两条手柄曲线的端点,在右视图画半径(关闭锁定物件),打开控制点,删除中间点,调整曲线,如图 2-12 所示。双轨扫略生成曲面,如图 2-13 所示。

绘制手柄外侧弧面。选择起点、终点画圆弧。透视图选择端点,右视图画半径。调整曲线,双轨扫略,如图 2-14 所示。

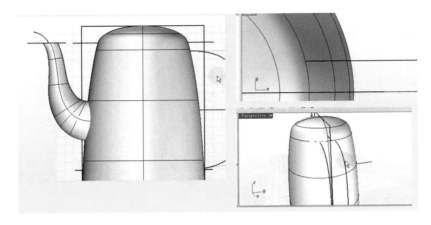

图 2-11　绘制手柄

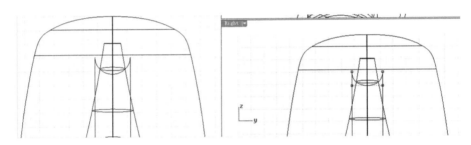

图 2-12　手柄曲线

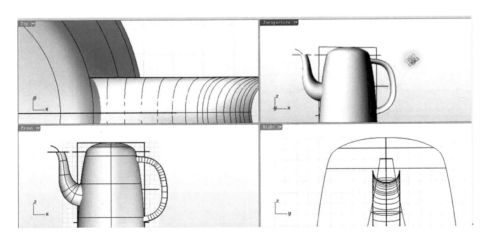

图 2-13　手柄曲面

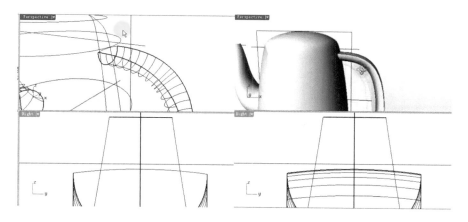

图 2-14　手柄外侧弧面

　　手柄底座部分。首先确定底部的形状，同样在侧视图画弧线，开始端和末端位于所画的路径曲线与主体曲面的交点处。先找出物件交集，选择两条路径曲线与主体曲面，得到 4 个交点，如图 2-15 所示。

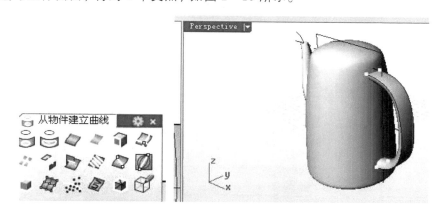

图 2-15　手柄底座绘制

　　打开物件锁，点-点选择画圆弧，在透视图中捕捉左侧上下两个点，右视图中确定弧线终点，打开控制点调整弧线，镜像调整好曲线，其效果如图 2-16 所示。

　　选择主体曲面，将曲面向外偏移 8 个单位。找到图中的 4 个交点。物件交集，选择偏移后的曲面和两条手柄路径，得到交点。选择画圆弧工具，绘制圆弧，调整圆弧曲线，镜像。找到手柄上表面横截面的曲线，对手柄上的表面和偏移后的曲面取交集。选择 4 条曲线，组合。修剪偏移曲面(在右视图修剪)，将靠近壶身的两条曲线投影到曲面(在右视图修剪)，如图 2-17 所示。

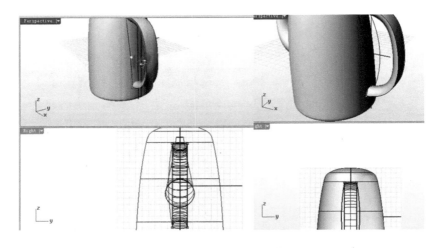

图 2-16　底座曲线调整

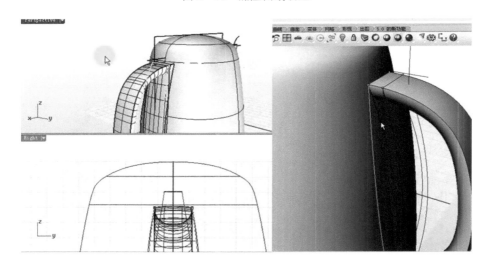

图 2-17　分割手柄

分割手柄曲线，选择手柄曲线，选择两个点分割。得到两条短曲线，再用壶身上的曲线进行修剪，将壶身内的短曲线删除。双轨扫略，选择 4 条曲线，生成曲面。曲面镜像，壶把手底座部分完成，效果如图 2-18 所示。

4. 壶盖部分绘制

绘制椭圆钮，分割壶身，再画一条直线，修建出壶盖部分。再用 TOP 进行二轴缩放，FRONT 单轴缩放。缩回曲面，打开控制点，删除倒数第二排控制点，以封闭曲线建立曲面，将下盖大圆封顶，如图 2-19 所示。

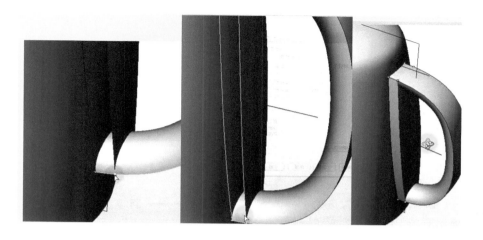

图 2-18　手柄完成

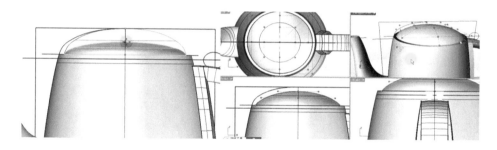

图 2-19　绘制壶盖

确定上盖金属部分位置，再 TOP 画圆形，将圆形投影到 TOP，在前视图画曲线，打开控制点，调整曲线，旋转成形，完成效果如图 2-20 所示。

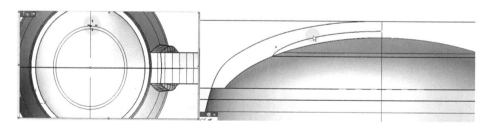

图 2-20　壶盖完成效果

画压盖板部分。从两个视图（TOP/）进行刻画，将除盖子以外的部分锁定，打开物件锁点（最近点）确定第一点，关闭物件锁点确定第三点。调整曲线，FRONT 设置 xyz 坐标，打开物件锁点，选择曲线第一点，设置 z 轴水平。TOP

调整曲线，从左至右慢慢变窄的曲线，如图 2 - 21 所示。

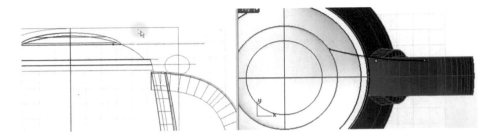

图 2 - 21　压盖板

FRONT 使其最右边处于椭圆最右边稍微多一点点的位置。镜像将两条曲线挤出曲面，如图 2 - 22 所示。

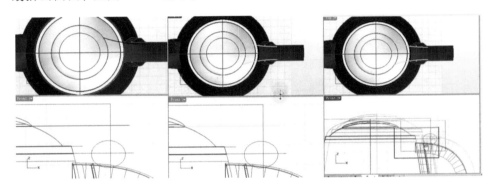

图 2 - 22　压盖曲面

绘制压盖板上的曲面。捕捉两条曲线的端点，画圆弧。FRONT 调整弧度的高度，效果如图 2 - 23 所示。

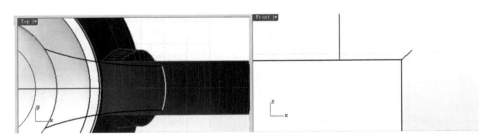

图 2 - 23　压盖板上曲面

提取上盖结构线，用两条曲线修剪，得到曲线，双轨扫略，生成曲面，如图 2 - 24 所示。

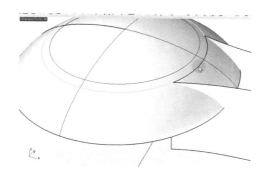

图 2 - 24　扫略曲面

修剪椭圆，先直线修剪两个曲面，再椭圆修剪曲面，最后画曲线修剪曲面，效果如图 2 - 25 所示。

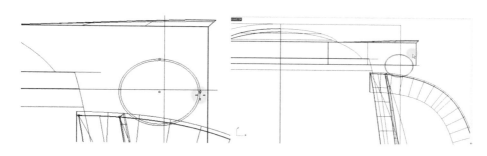

图 2 - 25　画线修剪曲面

旋转小柱子成形。柱子两端是曲线，所以不能直接挤压成形，我们可以使用沿曲线旋转的命令。首先，画曲线，在 RIGHT 视图中捕捉椭圆上排点的中心点，画曲线。终点捕捉椭圆中心线上的交点，在 TOP 视图中设置 x 轴坐标并使其一致。选择沿路径旋转，镜像。小的话，可以单轴缩放(基点的中心点)，如图 2 - 26 所示。

绘制手柄与柱子凹槽，选择大椭圆，挤压成长圆柱形，修剪手柄。将上盖以外的部分都隐藏，修剪上盖板多余的部分。组合，偏移 1 个单位，修剪掉偏移曲面上多出的面，将平面洞加盖，如图 2 - 27 所示。

倒角。下外边缘倒角 0.5 个单位，具体如图 2 - 28 所示。上边缘倒角 2 个单位，如图 2 - 29 所示。

倒角手柄部分，其余全部隐藏。实体倒角，必须先把多余的面去除。各个面修剪，组合成一个整体，如图 2 - 30 所示。

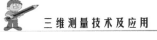

补面。犀牛倒角出现破面是很正常的现象，必须对曲面进行修补，如图 2-31 所示。

炸开，提取结构线，删除多余曲面，如图 2-32 所示。显示曲面边缘，对曲面边缘进行分割，合并，如图 2-33 所示。

选择最近点为端点，分割曲线，如图 2-34 所示。合并边缘，如图 2-35 所示。继续分割曲线，如图 2-36 所示。

曲面混接，如图 2-37 所示。调试混接曲线，如图 2-38 所示。

从网线建立曲面，如图 2-39 所示。所有破面都按照这种方法修补，最终建模效果如图 2-40 所示。

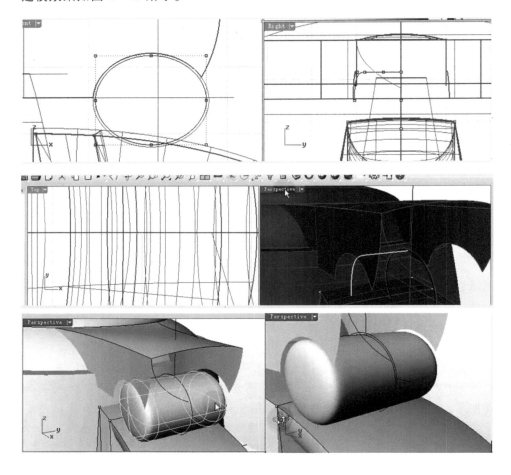

图 2-26 旋转轴

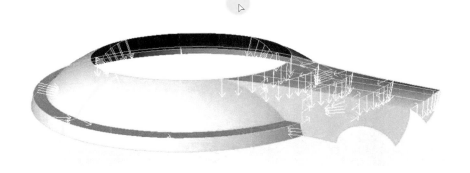

图 2 - 27　曲面修剪

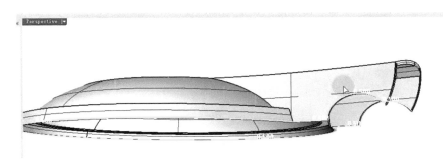

图 2 - 28　下外边缘倒角

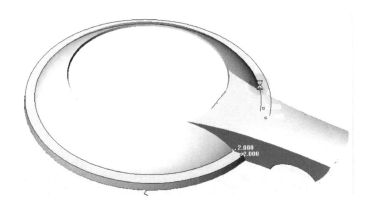

图 2 - 29　上边缘倒角

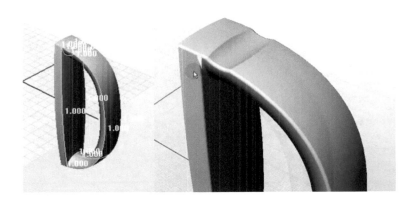

图 2 - 30　手柄倒角

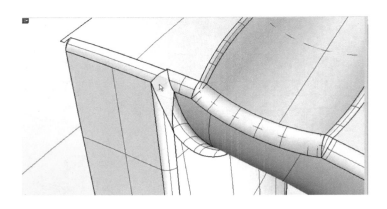

图 2 - 31　破面修补

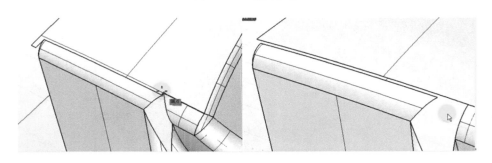

图 2 - 32　炸开删除多余面

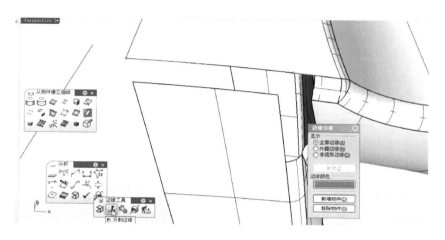

图 2-33 曲面边缘分割与合并

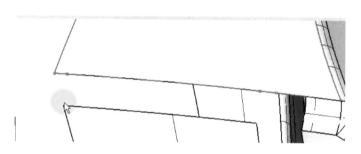

图 2-34 分割曲线

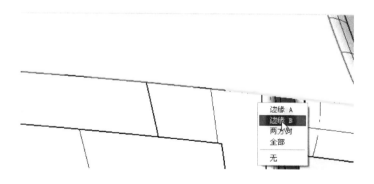

图 2-35 合并边缘

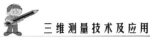
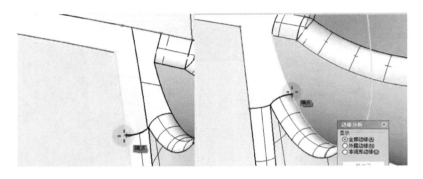

图 2-36　继续分割曲线

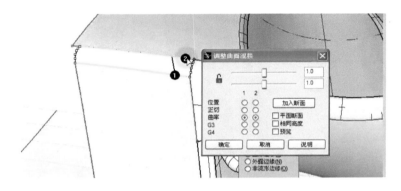

图 2-37　曲面混接

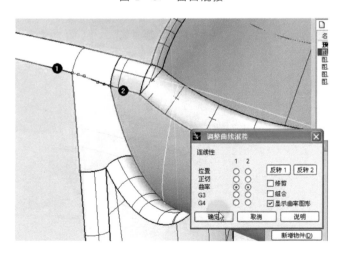

图 2-38　调试混接曲线

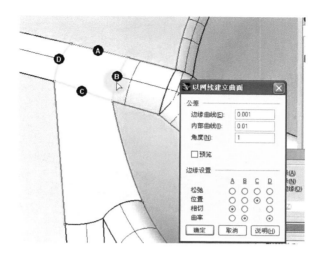

图 2-39 网线建立曲面

图 2-40 最终建模效果

2.1.5 典型软件(SoildWorks)应用实例

下面通过玩具小汽车建模的过程,初步介绍使用 SoildWorks 的建模过程。

1. 车体设计

打开 SolidWorks 软件,进入界面以后点击新建按钮 □ ·,选择"新建零件",界面如图 2-41 所示。

选择前视基准面,在草图上绘制车体轮廓。使用"直线"工具和"样条曲线"工具,并使用"智能尺寸"设定尺寸,使用"圆角"工具对草图添加圆角,大小为 R=10 mm,形成的草图如图 2-42 所示。

59

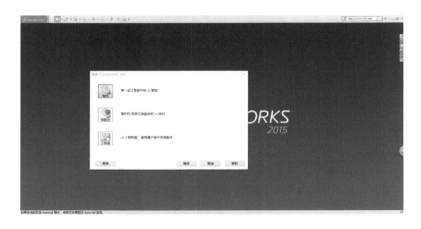

图 2-41　软件界面

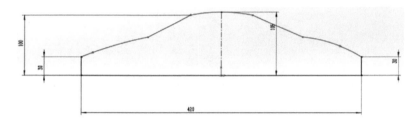

图 2-42　草图

退出草图,使用特征工具中的拉伸命令,设置拉伸深度为 210 mm,拉伸后的效果如图 2-43 所示。

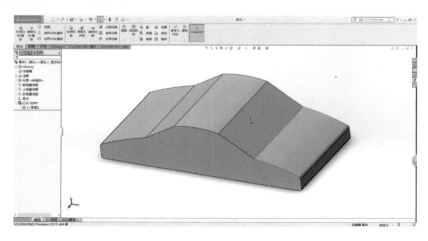

图 2-43　拉伸草图

使用特征工具栏中的抽壳命令 抽壳，车体抽壳后效果如图 2-44 所示。

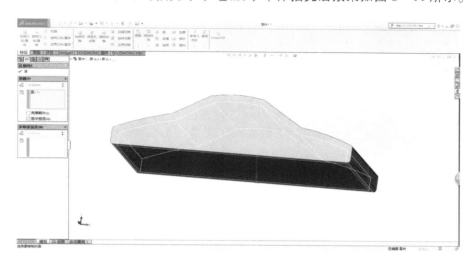

图 2-44　抽壳

选择车体侧面，绘制草图，即两个 D=66 的圆，并约束使得两圆间距为 198 mm，如图 2-45 所示。

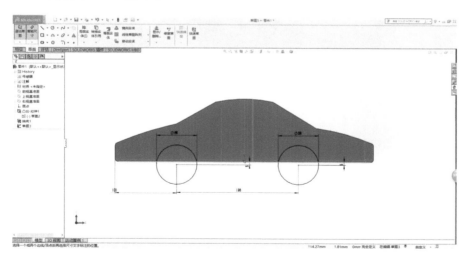

图 2-45　绘制草图

使用特征工具中的拉伸，设置其为完全贯穿。完成贯穿和剪切后的形状示意如图 2-46 所示。

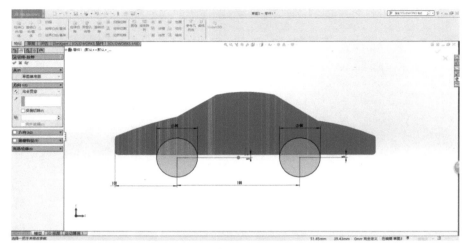

(a) 完全贯穿

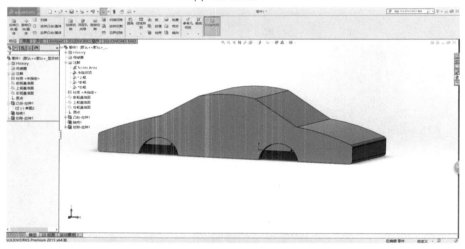

(b) 剪切

图 2-46 完全贯穿和剪切后的示意图

在车体面上使用矩形工具绘制如图 2-47 所示大小的矩形，并添加圆角 R=10。

使用特征工具中的拉伸切除命令，设置深度为 100 mm，如图 2-48 所示。

在车体上绘制多边形车窗，使用拉伸切除，选择完全贯穿，车体完成，效果如图 2-49 所示。

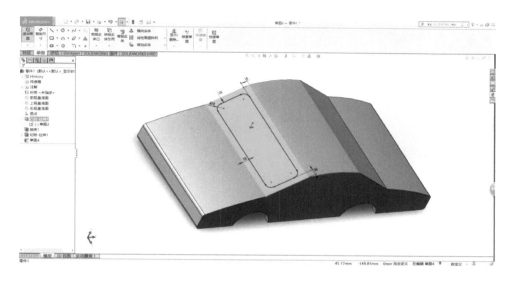

图 2 - 47　车窗绘制

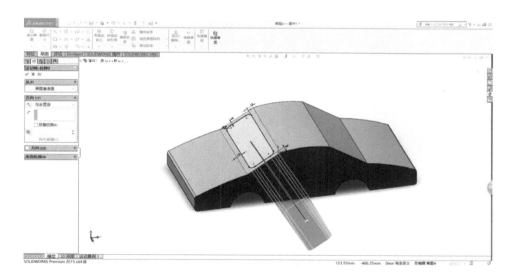

图 2 - 48　切除效果

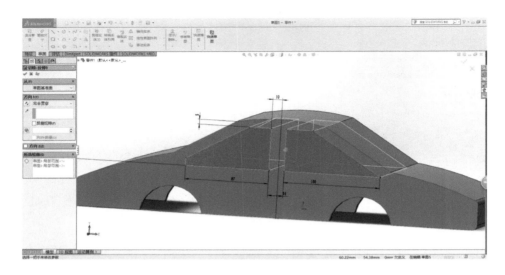

图 2-49　绘制车窗草图并挖槽

2. 车轮设计

新建零件图，选择前视基准面，在草图上绘制 R＝56 的圆，并拉伸成圆柱形，在圆柱底面上绘制几个同心圆，如图 2-50 所示。

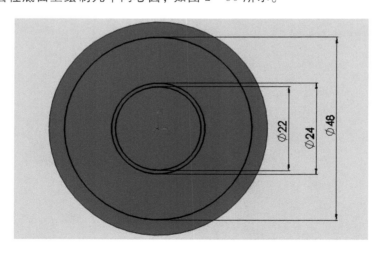

图 2-50　绘制车轮

使用"直线"工具，添加延长线过圆心的两条线段。选择 **线性草图阵列** 中的 **圆周草图阵列** 。选择圆心为阵列中心，选择两条线段为阵列元素。形成如图 2-51 所示的草图。

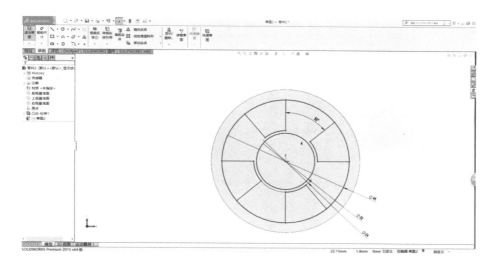

图 2-51　车轮草图

选择草图工具栏中的 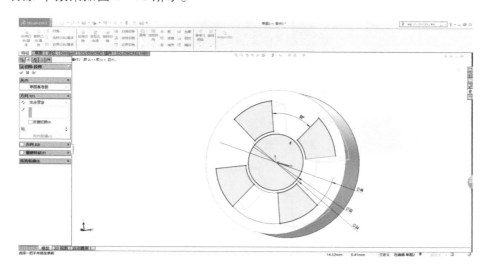，对草图进行裁剪，使用特征工具栏中的"拉伸切除"，效果如图 2-52 所示。

图 2-52　轮毂挖孔

选择上视准面，在此面上使用"直线"工具和"圆弧"工具绘制如图 2-53 所示的草图，并约束使得直线与圆柱素线重合。

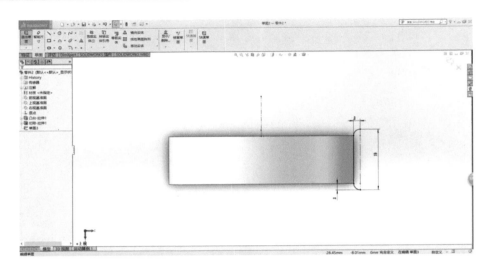

图 2-53 轮毂外圆草图

选择特征工具栏中的旋转凸台，中心线选择圆柱的轴线，轮廓选择上步中的草图。完成的轮毂如图 2-54 所示。

图 2-54 轮毂图

3. 轮胎的设计

新建零件图。选择前视基准面，在草图上使用直线、圆角、智能尺寸等工具，绘制如图 2-55 所示的草图。

选择右视基准面，绘制 D = 56 的圆。使用特征工具中的扫描按钮 扫描，轮廓选择草图 2-55 中的封闭多边形，路径选择圆。最终形成实体，效果如图 2-56 所示。

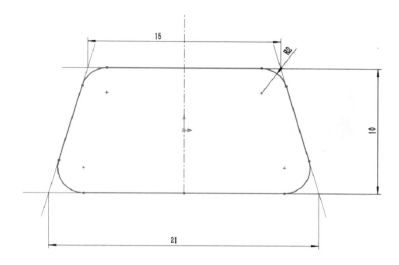

图 2 - 55 零件加工后的草图

图 2 - 56 轮胎实体

4. 车轴的设计

新建零件图，选择前视基准面，绘制 D＝22 的圆。使用拉伸，深度为 200 mm，形成圆柱如图 2 - 57 所示。

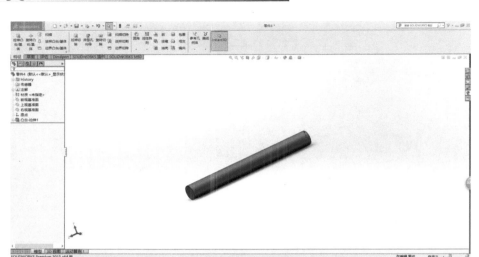

图 2 - 57　轮轴

5. 玻璃设计

新建零件图,选择前视基准面,将车体零件图中车窗的草图复制、粘贴过来,使用"拉伸",深度为 10 mm,选择 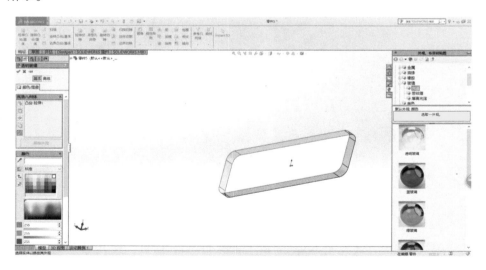 命令,设置颜色为透明,如图 2 - 58 所示。

图 2 - 58　透明车窗

侧边车窗的做法同上,形成的效果如图 2 - 59 所示。

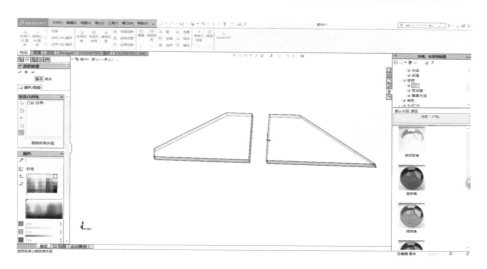

图 2－59　侧面透明车窗

6. 汽车装配

新建装配图，并插入零件，再使用配合命令，使车胎和车轮配合，效果如图 2－60 所示。

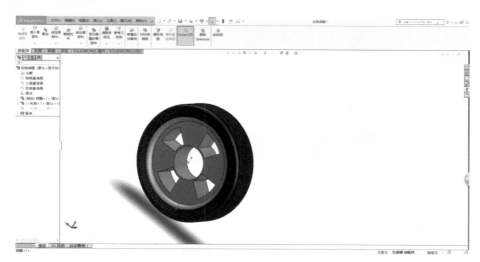

图 2－60　车轮装配图

保存此装配体，作为子装配。再新建一个装配体，调入上步中的子装配和车轴，如图 2－61 所示。

图 2-61 装配过程

选择车轮表面和轴的底面重合，另一个车轮的配合同上，最后配合的效果如图 2-62 所示。

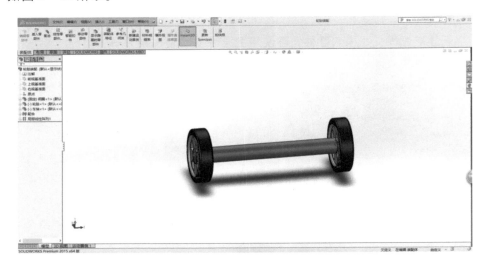

图 2-62 最终车轮转配效果图

保存此装配为子装配。调入车体和玻璃，使用面面重合的方式，将其配合在一起，调入子装配，完成总装配，效果如图 2-63 所示。

使用面面重合和同心配合将其配合，最后改变颜色，最终形成的小车如图 2-64 所示。

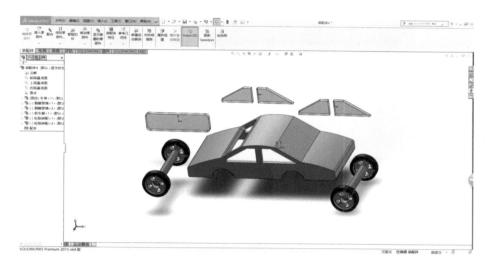

图 2-63　总装配图

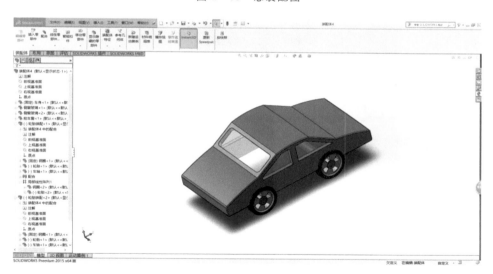

图 2-64　最终小车模型

2.1.6　典型软件(123D Design)应用实例

本书通过一个简单的杯子建模，初步介绍使用 123D Design 建模的一些基本过程。

第一步：点击菜单中基本体(Primitives) 中的多边形(Polygon) 图

标，插入一个半径 20 mm、边数为 8 的八边形，如图 2 – 65 所示。

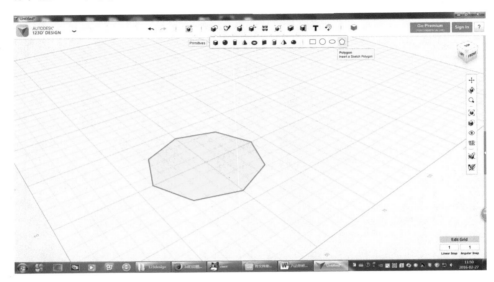

图 2 – 65　建八边形

第二步，拉伸。点击菜单中的构造(Construct)菜单 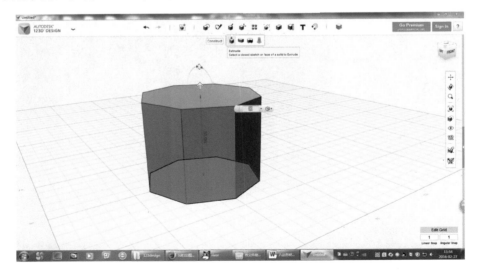 中的拉伸(Extrude) 图标，向上拉伸 30 mm，如图 2 – 66 所示。

图 2 – 66　拉伸

第三步，掏空：

（1）画一个半径 20 mm 的八边形（如图 2－67 所示），并将其放置在八棱柱的顶面（如图 2－68 所示）。

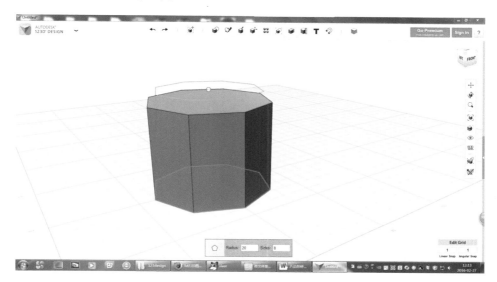

图 2－67　画八边形

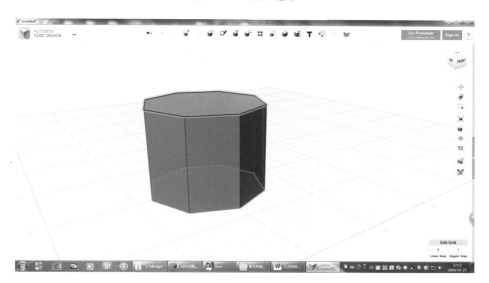

图 2－68　移动八边形

（2）点击草图(Sketch)菜单 ✍ 中的偏移(Offset)图标 ▣，选择步骤(1)中的八边形，输入向里偏移值 1.5 mm，如图 2-69 所示。

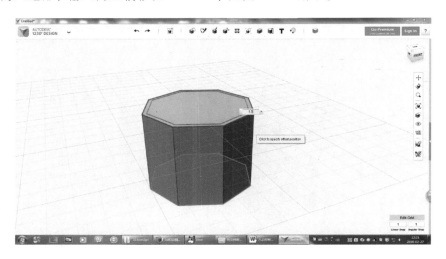

图 2-69　偏移

（3）删掉步骤(1)中的八边形，点击修改(Modify)菜单 ◈ 中的压拉(Press Pull)图标 ◈，输入向下 25 mm，如图 2-70 所示。删除步骤(2)中的底面八边形，做成八棱杯，如图 2-71 所示。

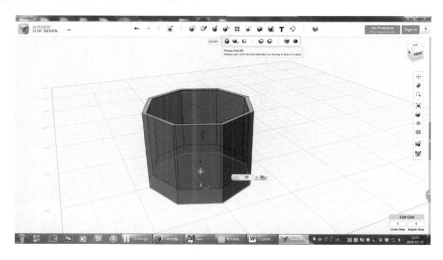

图 2-70　删除八边形

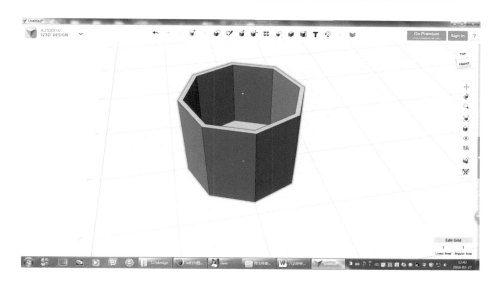

图 2-71　八棱杯

第四步：修边。点击修改（Modify）菜单 中的倒圆角（Fillet）图标 ，分别点中所要修的边（如图 2-72 所示），输入圆角半径 0.5 mm，回车，界面如图 2-73 所示。

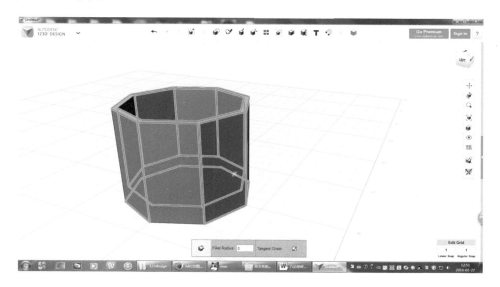

图 2-72　选中修改边

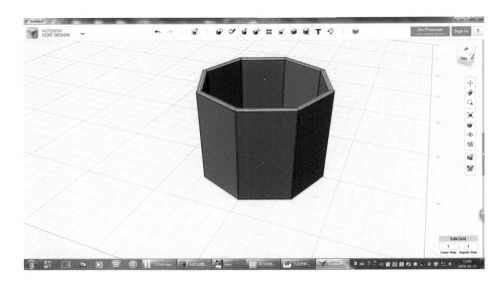

图 2-73　修改后效果

第五步：上色。点击菜单最右边的材质（Meterial）图标 ，出现对话框，选择一种材质，再点杯子，杯子的材质就变了。如果颜色不喜欢，在右边色盘上再选，记得在应用选择框中打勾，如图 2-74 所示。

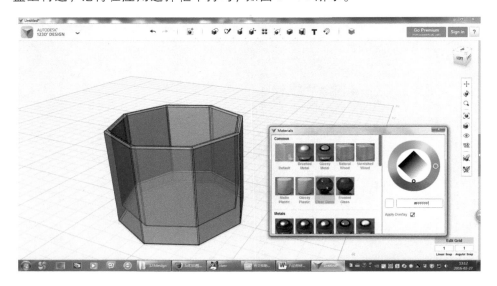

图 2-74　上色

通过这个杯子建模的例子，我们看到了多边形、拉伸、偏移、压拉、倒角、上色等功能。更为重要的是，从中看到了先粗后精，即先考虑物体的主体架构，再考虑局部的建模思想，或者先结构后修饰的建模步骤。

2.2 3D 建模方法——逆向工程

2.2.1 逆向工程的原理及意义

逆向工程（Reverse Engineering，RE）是通过各种测量手段及三维几何建模方法，将原有实物转化为计算机上的三维数字模型，并对模型进行优化设计、分析和加工。产品的传统设计过程是依据其功能和用途，从概念出发绘制出产品的二维图纸，而后制作三维几何模型，经检查满意后再制造产品，采用的是从抽象到具体的思维方法（图 2-75(a)）。逆向工程也称反求工程、反向工程等，是对存在的实物模型进行测量并根据测得的数据重构出数字模型，进而进行分析、修改、检验，最后输出图纸并制造出产品的过程（图 2-75(b)）。简单说来，传统设计和制造是从图纸到零件（产品），而反求工程的设计是从零件（或原型）到图纸，再经过制造过程到零件（产品），这就是反求的含义。在产品开发过程中，由于形状复杂的产品中包含许多自由曲面，很难直接用计算机建立数字模型，常常需要以实物模型（样件）为依据或参考原型，进行仿型、改型或工业造型设计。如汽车车身的设计和覆盖件的制造，通常由工程师用手工制

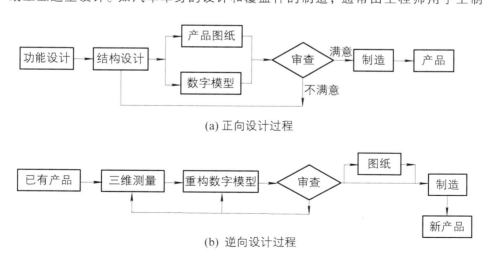

(a) 正向设计过程

(b) 逆向设计过程

图 2-75 正向设计制造工程与逆向工程的比较

作出油泥或树脂模型,形成样车设计原型,再用三维测量的方法获得样车的数字模型,然后进行零件设计、有限元分析、模型修改、误差分析和数控加工指令生成等,也可进行快速原型制造并进行反复优化评估,直到取得满意的设计结果。也可以说反求工程就是对模型进行仿型测量、CAD模型重构、模型加工并进行优化评估的设计方法。反求工程一般由产品数字化、数据编辑处理和分片、生成曲线曲面和最终构造CAD模型4个步骤组成。

用逆向工程开发产品可以有两种工艺路线,即,首先用三维数字化测量仪器准确、快速地测量出轮廓坐标值,并建构曲面,经编辑、修改后,将图档转至一般的CAD/CAM系统,再由CAM产生刀具的NC加工路径送至CNC加工机制作所需产品,或者以增材制造技术将样品模型制作出来,其流程如图2-76所示。

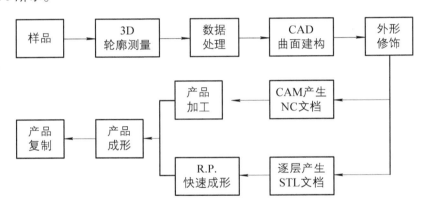

图2-76 逆向工程流程图

目前,逆向工程已被运用于众多的领域,如在没有设计图纸、设计图纸不完整以及没有CAD模型的情况下,按照现有零件的模型,利用各种数字化技术及CAD技术重新构造原形CAD模型;当要设计需要通过实验测试才能定形的工件模型时,这类零件一般都具有复杂的自由曲面外形,最终的实验模型将成为设计这类零件及反求其模具的依据;在美学设计等特别重要的领域,例如汽车外形设计等,若广泛采用真实比例的木制或泥塑模型来评估设计的美学效果时,需用逆向工程的设计方法;在修复破损的艺术品或缺乏原件的损坏零件时,不需要对整个零件原型进行复制,而是要借助逆向工程技术,抽取零件原形的设计思想,指导新的设计,由实物反求推理出设计思想。

逆向工程是近年来发展起来的,是消化、吸收和提高先进技术的一系列分析方法和应用技术的组合,其主要目的是为了改善技术水平,提高生产效率,增强经济竞争力。世界各国在经济技术发展中,应用逆向工程消化、吸收先进技术经验，给人们有益的启示。据统计，各国 70% 以上的技术源于国外，逆向工程作为掌握技术的一种手段，可使产品研制周期缩短 40% 以上，极大地提高了生产率。因此，研究逆向工程技术对我国国民经济的发展和科学技术水平的提高具有重大的意义。

2.2.2 常用软件介绍

目前，相对研究人最多的是实物反求技术。它主要研究实物 CAD 模型的重建和最终产品的制造。狭义来说，三维反求技术是一种将实物模型数据化成设计、概念模型，并在此基础上对产品进行分析、修改及优化等的技术。逆向工程软件功能通常都是集中于处理和优化密集的扫描点云，以生成更规则的结果点云，通过规则的点云可以应用于快速成形，也可以根据这些规则的点云构建出最终的 NURBS 曲面，以输入到 CAD 软件进行后续的结构和功能设计工作。

目前主流的逆向工程应用软件有：Geomagic Studio、Imageware、CopyCAD、RapidForm、PloyWork 等。

1. Geomagic 公司的几款软件

Geomagic 是一家世界级的软件与服务公司，总部设在美国北卡罗来纳州的三角开发区，在欧洲和亚洲有分公司，经销商分布在世界各地。在众多工业领域，比如汽车、航空、医疗设备和消费产品，许多专业人士都在使用 Geomagic 软件和服务。公司旗下主要产品为 Geomagic Studio、Geomagic Qualify 和 Geomagic Piano，其中 Geomagic Studio 是被广泛使用的逆向工程软件，它具有下述所有特点：

(1) 确保完美无缺的多边形和 NURBS 模型在处理复杂形状或自由曲面形状时，生产效率比传统 CAD 软件高数倍。

(2) 可与主要的三维扫描设备和 CAD/CAM 软件进行集成。

(3) 能够作为一个独立的应用程序运用于快速制造，或者作为对 CAD 软件的补充。

快速成长的 Geomagic，正成为数字形状采样及处理(DSSP)的领导者。

1) Geomagic Direct——正逆向混合设计软件

Geomagic Direct 是业界唯一一款结合了实时三维扫描、三维点云和三角网格编辑功能以及全面 CAD 造型设计、装配建模、二维出图等功能的三维设计软件。虽然传统的 CAD 软件也有建模功能，但是缺少工具将三维扫描数据处理成有用的三维模型。而 Geomagic Direct 则加入了三维扫描数据功能，将先进扫描技术以及直接建模技术融为一体。用户两三分钟就可以在同一款软件中合并扫描数据和设计 CAD 数模，甚至部分扫描数据可创建出能够用于制造的实体模型和装配。

Geomagic Direct 非常适合工程师和制造商使用现成实物对象设计三维模型，也适合用于完成或修改被扫描的零件。借助 Geomagic Direct 的强大功能，汽车、电子、工业设计、消费品、模具加工和航天等工业领域的公司可以促进工程团队之间更好地沟通、简化设计流程以及提高逆向设计的可靠性。

Geomagic Direct 的创新已经引起主要三维扫描仪制造商的关注，并激发了他们的想象力。他们认为 Geomagic Direct 是一个正确的方向，它致力于帮助设计师们不断缩短开发周期。

2）Geomagic Studio

Geomagic Studio 可根据任何实物零部件自动生成准确的数字模型。作为全球首选的自动化逆向工程软件，Geomagic Studio 还为新兴应用提供了理想的选择，如定制设备大批量生产、即定即造的生产模式以及原始零部件的自动重造。Geomagic Studio 具有下述所有特点：

（1）确保完美无缺的多边形和 NURBS 模型在处理复杂形状或自由曲面形状时，生产率比传统 CAD 软件高 10 倍。

（2）自动化特征和简化的工作流程可缩短培训时间，并使用户可以免于执行单调乏味、劳动强度大的任务。

（3）可与所有主要的三维扫描设备和 CAD/CAM 软件进行集成。

（4）能够作为一个独立的应用程序运用于快速制造，或者作为对 CAD 软件的补充。

3）Geomagic Qualify

Geomagic Qualify 可加快流程速度而且可进行深入分析，确保可重复性的自动检验软件 Geomagic Qualify 建立了 CAD 和 CAM 之间所缺乏的重要联系纽带，从而实现了完全数字化的制造环境。允许在 CAD 模型与实际构造部件之间进行快速、明了的图形比较，Geomagic Qualify 可用于首件检验、线上检验、车间检验、趋势分析、2D 和 3D 几何测量以及自动报告等。

2. ImageWare

Imageware 由美国 EDS 公司出品，是最著名的逆向工程软件，正被广泛应用于汽车、航空、航天、消费家电、模具、计算机零部件等设计与制造领域。该软件拥有广大的用户群，国外有 BMW、Boeing、GM、Chrysler、Ford、Raytheon、Toyota 等著名国际大公司，国内则有上海大众、上海 DELPHI、成都飞机制造公司等大企业。

以前该软件主要被应用于航空航天和汽车工业，因为这两个领域对空气动力学性能要求很高，在产品开发的开始阶段就要认真考虑空气动力性。常规的设计流程是：首先根据工业造型需要设计出结构，制作出油泥模型之后将其送到风洞实验室，测量空气动力学性能；然后再根据实验结果对模型进行反复修改直到获得满意结果。如此，所得到的最终油泥模型才是符合需要的模型。如何将油泥模型的外形精确地输入计算机成为电子模型，这就需要采用逆向工程软件。首先利用三坐标测量仪器测出模型表面点阵数据，然后利用逆向工程软件(例如 Imageware Surfacer)进行处理，即可获得符合要求的曲面。

随着科学技术的进步和消费水平的不断提高，其他许多行业也开始纷纷采用逆向工程软件进行产品设计。以微软公司生产的鼠标器为例，就其功能而言，只需要有三个按键就可以满足使用需要，但是，怎样才能让鼠标器的手感最好，而且经过长时间使用也不易产生疲劳感，却是生产厂商需要认真考虑的问题。因此微软公司首先根据人体工程学制作了几个模型并交给使用者评估，然后根据评估意见对模型直接进行修改，直至修改到大家都满意为止，最后再将模型数据利用逆向工程软件 ImageWare 生成 CAD 数据。当产品推向市场后，由于外观新颖、曲线流畅，再加上手感也很好，符合人体工程学原理，因而迅速获得用户的广泛认可，产品的市场占有率大幅度上升。

3. CATIA 逆向模块

前面已经介绍了 CATIA 软件，该软件的正向设计功能强大，其逆向功能依然很强大，逆向设计主要涉及的模块包括：数字化外形编辑器 DSE(Digitized Shape Editor)，具有输入、清理、组合、截面生成、特征线提取、实时外形及指令分析等功能，此模块用于逆向工程的前期，即在数字测量之后，CATIA 其他过程之前；快速曲面重建 QSR(Quick Surface Reconstruction)；创成式曲面设计 GSD(Generative Shape Design)；自由曲面 FS(FreeStyle)；A 级曲面自动重建 ACA(Automotive Class A)。

4. RapidForm

RapidForm 是韩国 INUS 公司出品的全球 4 大逆向工程软件之一，Rapid-Form 提供了新一代运算模式，可实时将点云数据运算出无接缝的多边形曲面，使它成为 3D 扫描后处理之最佳化的接口。RapidForm 可提升工作效率，使 3D 扫描设备的运用范围扩大，改善扫描品质。高级光学 3D 扫描仪会产生大量的数据(可达 100 000～200 000 点)，由于数据非常庞大，因此需要昂贵的电脑硬件才可以运算，现在 RapidForm 提供记忆管理技术(使用更少的系统资源)，可缩短处理数据的时间。它还可以迅速处理庞大的点云数据，不论是稀疏的点云还是跳点，都可以轻易地转换成非常好的点云，RapidForm 提供过滤点云工具以及分析表面偏差的技术来消除 3D 扫描仪所产生的不良点云。

在所有逆向工程软件中，RapidForm 提供一个特别的计算技术，针对 3D 及 2D 处理是同类型计算，软件提供了一个最快、最可靠的计算方法，可以通过点云快速计算出多边形曲面。RapidForm 能处理无顺序排列的点数据以及有顺序排列的点数据。RapidForm 支持彩色 3D 扫描仪，可以生成最佳化的多边形，并将颜色信息映像在多边形模型中。在曲面设计过程中，颜色信息将完整保存，也可以运用 RP 成形机制作出有颜色信息的模型。RapidForm 也提供上色功能，通过实时上色编辑工具，使用者可以直接对模型编辑自己喜欢的颜色。多个点扫描数据有可能经手动方式将特殊的点云加以合并，当然，Rapid-Form 也提供一种技术，使用者可以方便地对点云数据进行各种各样的合并。

5. CopyCAD

CopyCAD 是由英国 DELCAM 公司出品的功能强大的逆向工程系统软件。该软件为来自数字化数据的 CAD 曲面的产生提供了复杂的工具。CopyCAD 能够接受来自坐标测量机床的数据，同时跟踪机床和激光扫描器。

Delcam CopyCAD Pro 是世界知名的专业化逆向/正向混合设计 CAD 系统，采用全球首个 Tribrid Modelling 三角形、曲面和实体三合一混合造型技术，集三种造型方式为一体，创造性地引入了逆向/正向混合设计的理念，成功地解决了传统逆向工程中系统不相互切换、繁琐耗时等问题，为工程人员提供了人性化的创新设计工具，从而使得"逆向重构＋分析检验＋外型修饰＋创新设计"能在同一系统下完成。Delcam CopyCAD Pro 为各个领域的逆向/正向设计提供了高速、高效的解决方案

Delcam CopyCAD Pro 使用极其简便，全中文 Windows 界面，人性化的向导提示和先进的智能光标，即使不是专业工程技术人员，也能轻松掌握和使用其全部功能。Delcam CopyCAD Pro 具有高效的巨大点云数据运算处理和编辑能力，提供了独特的点对齐定位工具，可快速、轻松地对齐多组扫描点组，快速产生整个模型。自动三角形化向导可通过扫描数据自动产生三角形网格，最大地避免了人为错误。交互式三角形雕刻工具可轻松、快速地修改三角形网格，增加或删除特征，对模型进行光顺处理。精确的误差分析工具可在设计的任何阶段对照原始扫描数据对生成的模型进行误差检查。Tribrid Modelling 三合一混合造型方法不仅可进行多种方式的造型设计，同时可对几种造型方式的混合布尔运算提供灵活而强大的设计方法；设计完毕的模型可直接在 Delcam-PowerMILL 和 Delcam FeatureCAM 中进行数控加工。

6. PolyWorks

PolyWorks 是加拿大 InnovMetric 公司开发的点云处理软件，提供工程和

制造业 3D 测量解决方案,包含点云扫描、尺寸分析与比较、CAD 和逆向工程等功能。领先的汽车和航空 OEM 制造商,如宝马、波音、戴一克、福特、通用、本田、劳斯莱斯、丰田和大众及其供应商,在日常的点云扫描、尺寸分析、比较至 CAD 和逆向工程作业中都使用 PolyWorks。

PolyWorks 提供了高级的三角化建模方法并能处理其他软件不能处理的大点云数据。并同世界最大的汽车、航空和消费品制造商广泛合作,将点云技术应用于工装和装配工程,以缩短产品上市时间。开发了通用平台,不仅支持所有点云扫描技术,同时支持主要品牌的接触式便携探测设备,从而减少了培训成本,提高了雇员的生产效率,并能在整个组织中共享测量项目。引进了专门面向工业的 3D 测量解决方案,用于在不同的工业市场执行点云工程。这些解决方案基于 PolyWorks 智能测量、分析和建模。

2.2.3 典型软件应用实例

本节我们讲解 Geomagic Studio 和 CATIA 两个常用软件的逆向应用实例。

1. Geomagic Studio

Geomagic Studio 软件在逆向工程领域非常著名,功能十分强大,下面我们就通过简单的实例来初步熟悉该软件的基本功能。

1) Geomagic Studio 主要功能

(1) 自动将点云数据转换为多边形(Polygons)。

(2) 快速减少多边形数目(Decimate)。

(3) 把多边形转换为 NURBS 曲面。

(4) 曲面分析(公差分析等)。

(5) 输出与 CAD/CAM/CAE 匹配的档案格式(IGS、STL、DXF 等)。

2) Geomagic Studio 主要优势

(1) 确保用户获得完美无缺的多边形和 NURBS 模型。

(2) 处理复杂形状或自由曲面形状时,生产率比传统 CAD 软件效率更高。

(3) 自动化特征和简化的工作流程可缩短培训时间,并使用户可以免于执行单调乏味、劳动强度大的任务。

(4) 可与所有主要的三维扫描设备和 CAD/CAM 软件进行集成。

(5) 能够作为一个独立的应用程序运用于快速制造,或者作为对 CAD 软件的补充。

3) 数据处理范例

数据处理的操作步骤讲解如下。

导入点云数据,界面如图 2-77 所示。

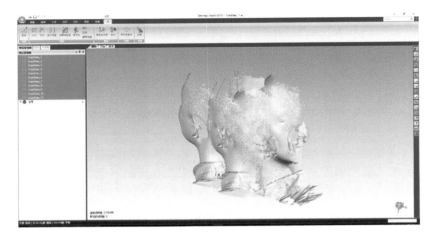

图 2-77　导入点云数据

手动注册和全局注册，如图 2-78 所示。

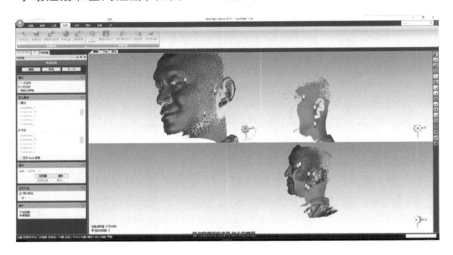

图 2-78　注册

对点云进行处理，其中包括(如图 2-79 所示)：

(1) 选择体外孤点。点击点工具栏的"体外孤点"图标，弹出体外孤点对话框，将敏感性设置为 100，点击"应用"后"确定"，按 Delete 键删除选中的红色点云，该命令使用 3 次。该命令表示选择任何超出指定移动限制的点，体外孤点功能非常保守，可使用 3 次达到最佳效果。

(2) 手动删除。删除体外孤点和非连接项遗留下来的杂点。

（3）减少噪音。该命令有助于将扫描中的噪音点减少到最小，更好地表现真实的物体形状。造成噪音点的原因可能是扫描设备轻微振动、物体表面较差、光线变化等。

（4）统一采样。在保留物体原来面貌的同时减少点云数量，便于删除重叠点云、稀释点云。

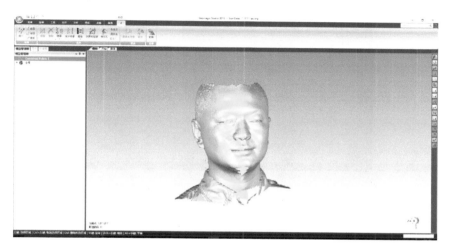

图 2-79　处理点云数据

封装。该命令将点转换成三角面。封装后可放大模型手动点选一个三角面进行观察，如图 2-80 所示。

图 2-80　封装

填充孔，操作方法和效果如图 2-81 和图 2-82 所示。

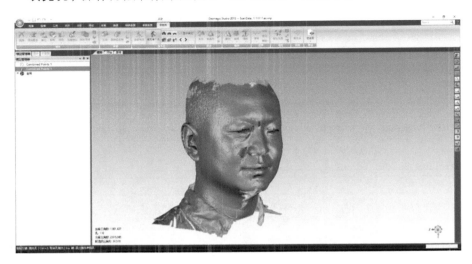

图 2-81　填充孔操作方法

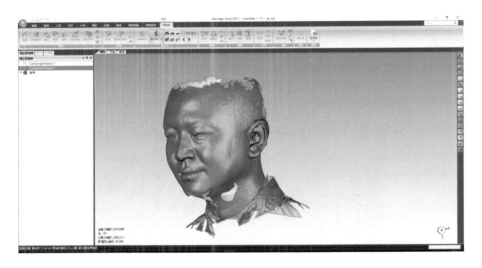

图 2-82　填充孔的效果

经过去除特征、简化、沙磨等一系列细化处理后，得到最终的三角面片，如图 2-83 所示。

封闭曲面，如图 2-84 所示。

保存为 stl 格式，如图 2-85 所示。

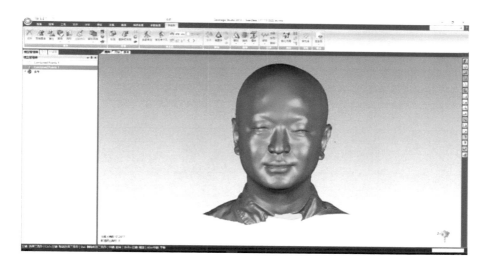

图 2-83　三角面片

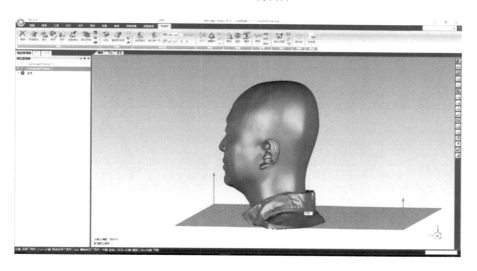

图 2-84　封闭曲面

　　总结：上述人头模型的建模过程与普通零件的区别是没有标志点的拼合，要依靠手动注册和全局注册得到比较理想的点云模型，这种方法在平时的很多零件中也有很大的用途，因为一些零件要求不能贴标志点，所以就只能用这种方法了。在不同的情况下，选择合适的设计方式，会大大提高设计的效率及精度。此外，我们也应该注意实现正向设计与逆向设计的并用。

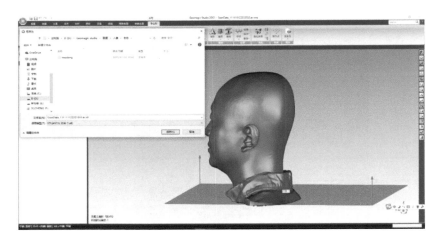

图 2-85　保存

2. CATIA 逆向模块应用实例

逆向工程作为产品开发的一种重要手段，被广泛应用于企业的工程部门。CATIAV5 是一个全系统的解决方案，可以在完成造型后直接进行结构设计、模具设计、加工、分析等一系列后续工作，避免了不同软件间的数据交换所带来的数据丢失等麻烦。所以使用 CATIAV5 进行逆向设计非常方便。随着CATIA 在国内应用的不断深入，其必将在产品开发中扮演越来越重要的角色。下面以发动机机壳为例介绍 CATIAV5 在逆向设计中的一些具体应用。

第一步，点云数据的导入及处理。

利用 CATIAV5 的 DSE（Digital Shape Editor）导入点云数据，点击图标，并根据要导入的数据格式选择 Format 对话框中相应的选项，如图 2-86 所示，导入数据如图 2-87 所示。

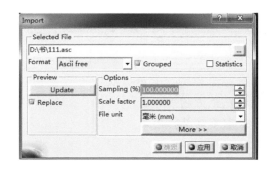

图 2-86　选择选项

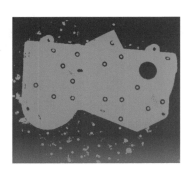

图 2-87　导入数据

从图 2-87 可以看出，我们导入的数据有很多噪声，需要进行处理，然后才能构造三维模型。CATIA 软件的噪声去除不如 Geomagic 软件方便，实用。建议如果要是做逆向建模的话，最好用 Geomagic 进行前期的数据处理工作。

点击工具栏中的图标 ，来对点云进行删除，CATIA 里面没有自动功能，删除点云很耗时。如图 2-88 所示，在对话框中选择多边形工具 Polygonal 并进行选择，选择效果如图 2-88 中的红色区域所示。

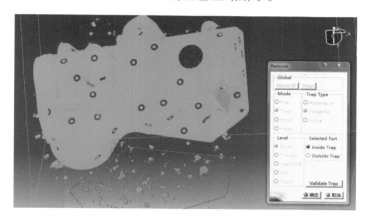

图 2-88　选择多边形工具效果

一步一步地删除，直到获得满意的效果，如图 2-89 所示。

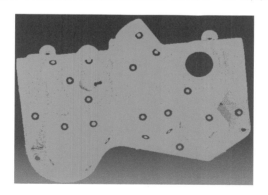

图 2-89　删除

对点云进行处理，如过滤点云处理、优化点云，在不失真的前提下将庞大的点云进行过滤，便于铺面时容易观察及减小系统运行负担，点击图标 ，对点云进行过滤，对话框中有两个选项，分别为 Homogeneous 和 Adaptative，选择 Homogeneous(统一采用)，并设置参数 1mm 的过滤效果，如图 2-90 所示。

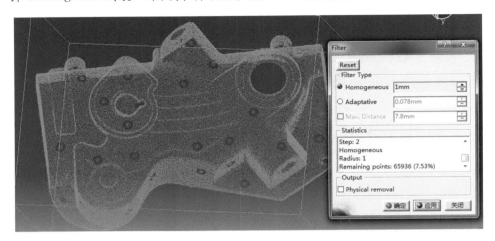

图 2-90 设置参数过滤效果

选择 AdaptatIve(根据曲率采用)，默认参数值为最大距离的 1/10，这个参数越小，获得的点云数据越密集，参数设置为 0.05 mm 后的过滤效果如图 2-91 所示。

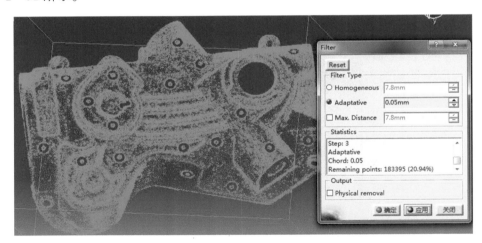

图 2-91 参数为 0.05 mm 时的过滤效果

为了后续建模能够清晰的观察细节，运用 DSE 模块中的 Mesh Create 功能把点云拟合成三角面片，必要时用 Fill Holes 命令对三角面片进行处理。点击图标，进行三角化，这里面的参数一般选择 3D Mesher，效果会更好。而

Neighborhood 中的参数可以实时更改，数值越大，在点云稀疏的时候三角面片的孔洞越少，如图 2－92 所示，最终效果如图 2－93 所示。

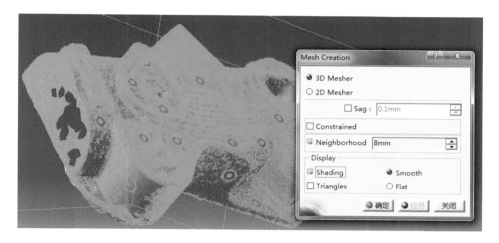

图 2－92　点云拟合过程

图 2－93　点云拟合效果

　　第二步，曲面重建。在 QSR(Quick Surface Reconstruction)模块中用曲率分割命令判定物体曲面的构成方式，分清基础面和过渡曲面，以及相关曲面的裁剪、导角等的先后顺序，在曲面构建前做到心中有数。点击图标 ，对三角面进行分割，效果如图 2－94 所示。

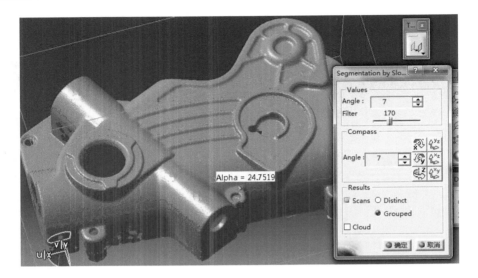

图 2-94 曲面重建效果

运用 CATIAV5 的自由造型模块(Free Style)对物体表面曲面进行重构,当然必要时也可借助于 GSD、QSR 等模块进行逆向设计获得 Class - A 曲面。大致的逆向原则是点、线、面,当然有时也可借助于 Free Style 中的铺面工具 Fit to Geometry,曲面大致是使用 Free Style 中的 Net Surface,若要得到光滑的曲面,则必须对曲线进行光滑处理,且保证曲线的阶次不得高于 6 阶。有时一张光滑的曲面不是一次能够完成的,有时需使用控制点命令(Control Point)调节曲面以逼近点云。调面的原则是曲面的阶次从低到高依次进行调节,为保证曲面的光滑度,最高不要超过 8 阶。在生成曲面的过程中要时时使用曲面分析工具对曲面光滑度进行分析,以严格控制曲面质量。本实例中的发动机壳外表面精度要求不高,所以不用构造 A 级曲面,这里我们用 GSD 模块进行曲面重构就足够了。

首先要构造基准平面,这为后续建模奠定了基础,基础面的构建要根据模型的特点,如果是对称物体,可以在对称面上构建基础面,这样在模型重建时只需要建一半,然后镜像就可以获得完整模型,大大减少工作量。如果待重建点云上有圆柱、平面等特征,可以直接用 QSR 中的基础曲面重建功能来实现。

切换到 GSD 模块,点击功能图标 ,在三角面片模型上构造几个点,如图 2-95 所示。再通过这些点来构造基础平面,如图 2-96 所示。

图 2 - 95　在三角面片上构造点

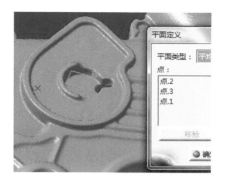

图 2 - 96　在三角面片上构造平面

在曲面建模之前，最后将模型通过坐标旋转转到软件的默认系统坐标系下，这样后续处理时便于建立基准。这里我们介绍一下坐标系的转换方法，首先在标题栏里面点击"插入"，在下拉菜单中选择"插入轴系统"。这里我们先以上述构建的 3 个点中的一个点为原点坐标，以构造的基础平面的法向为 x 轴构建轴系统 1，然后再以系统的 0 点为原点，以 xy 平面的法向为 z 轴，以 yz 平面法向为 x 轴，构建轴系统 2，如图 2 - 97 所示。

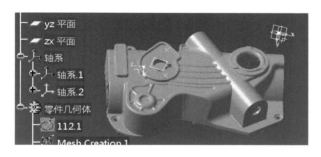

图 2 - 97　坐标系的转换

点击图标 ，进行轴系统变换，变换后的效果如图 2 - 98 所示。

坐标系变换的时候要注意，在导入点云后马上就要对坐标系进行变换，否则会造成数据无法编辑的情况。

建模的过程主要是通过对模型截线，构造曲线，再由曲线构造曲面的过程。这里通过一个侧面的建模来讲解主要步骤，首先切换到 QSR 模块，点击 命令，来激活要建模的部分点云，如图 2 - 99 所示。

点击 命令，以 xy 平面为基准，进行截线，如图 2 - 100 所示。

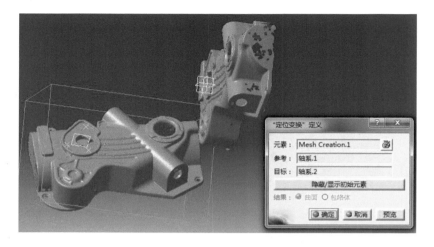

图 2-98　轴系统变换

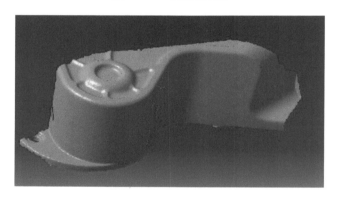

图 2-99　激活建模的部分点云

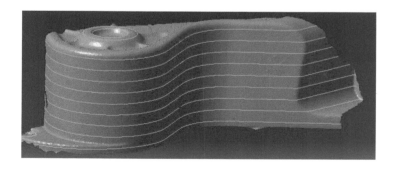

图 2-100　截线

点击 ⚔ 命令，对截线进行拟合，如图 2 - 101 所示。

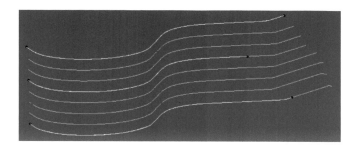

图 2 - 101 拟合截线

切换到 GSD 模块，点击 ⌂ 命令构造曲面。这里要注意截线的方向要一致，具体如图 2 - 102 所示。

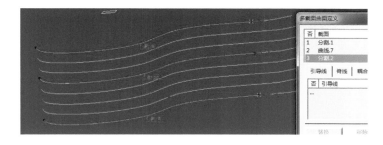

图 2 - 102 构造曲面方法

构建的局部曲面效果如图 2 - 103 所示。

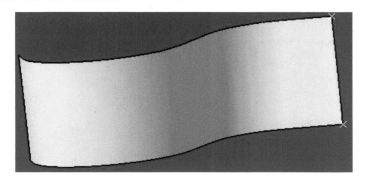

图 2 - 103 构造曲面效果

对曲面进行误差分析，看是否能满足我们建模的误差要求，操作界面如图 2 - 104 所示。

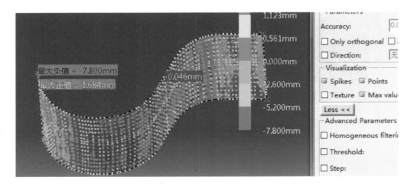

图 2－104　曲面误差分析

　　按照上述方法依次构造曲面，按模型的特征线进行裁剪，对裁剪后的基础曲面的边界使用 Blend、Fillet 等命令构建过渡曲面，完成最终曲面的重建。

　　总结：本节结合实例对 CATIA V5 的逆向造型功能及过程进行了说明。CATIA V5 强大的逆向设计功能越来越多的被应用于产品开发之中，极大的缩短了产品的开发周期。

2.3　设计方法——正逆向混合设计

　　在产品实际开发的过程中，更多的是同时利用正向设计和逆向设计两种方法。比如下面三维立体足球地球仪的设计就是如此。

　　首先，根据卫星和航测得到的地球表面各处的三维数据（经度、纬度和高程），用逆向设计的方法重构三维立体地球仪（见图 2－105）。

　　同时应用正向设计方法设计足球（见图 2－106）。

图 2－105　三维立体地球仪

图 2－106　三维足球模型

最后将上述两种设计思想融合在一起，创新设计出具有中国专利的三维立体足球地球仪(见图 2－107)。

图 2－107　三维立体足球地球仪

2.3.1　常用软件 Geomagic Direct

Geomagic Design Direct(原 Geomagic® Spark™)是其类型中的唯一一款三维应用程序，它在一个完整的软件包中无缝结合了即时扫描数据处理、CAD 设计、功能强大的三维点和网格编辑、装配构造和二维草图创建等功能。

Geomagic Design Direct 内置了业界最强大的扫描数据处理和编辑工具以及丰富的直接建模 CAD 软件包。业界领先的 CAD 功能与三维扫描的这种结合引领了一种全新的、CAD 与扫描结合的设计范式，它能够从根本上精简产品开发窗口、加快加工效率、促进合作和加快产品上市进程。

Geomagic 创造的 Geomagic Design Direct(构建于业界领先的 Space-Claim® CAD API)既适用于 CAD 专家，也适用于非 CAD 用户。利用直接建模工具，Geomagic Deisgn Direct 的直观控件和精妙的学习曲线使得任何人都能够成为富有成效的 CAD 设计人员。用户可以直接将点云扫描或导入至应用程序，然后使用动态推/拉工具集快速地创建和编辑实体模型。无需复杂的历史树向后保留它们，用户同样可自由地快速修改设计，并且可以无拘无束地更改参数。Geomagic Design Direct 可通过第三方插件的组合进行定制，而且它很容易与所有的主要外部 CAD 软件包进行集成。

2.3.2 混合设计实例

本实例应用 Geomagic Design Direct 2014 对齿轮数据进行建模，讲解该软件的一些基本操作。

1. 创建文件

直接打开文件，界面如图 2-108 所示。

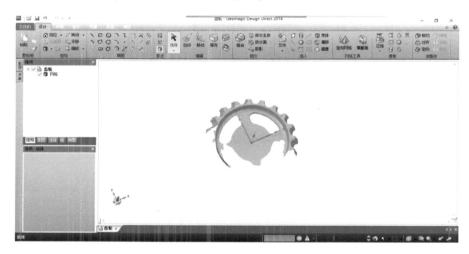

图 2-108 文件界面

2. 根据特征创建实体

1) 创建圆锥体（齿轮外形）

点击拟合圆锥 ◁ 命令，如图 2-109 所示。

图 2-109 圆锥拟合

选择 ✎ 按钮，再逐一选择齿轮上的圆锥面（Shift＋鼠标左键），如图 2-110 所示。

单击 ⬡ 命令，并单击 z 轴，将圆锥的轴线选为 z 轴，单击图标 ✓ 完成圆锥体的建模，如图 2-111 所示。

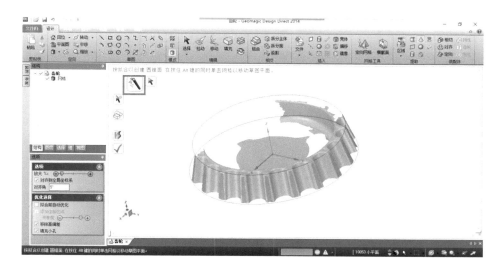

图 2-110　圆锥创建过程

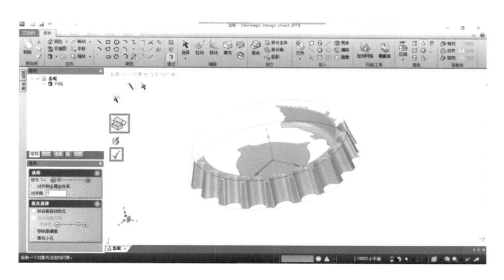

图 2-111　圆锥创建结果

单击拉动_{拉动}命令，分别单击上下面并分别将其调整到合适位置，如图2-112所示。

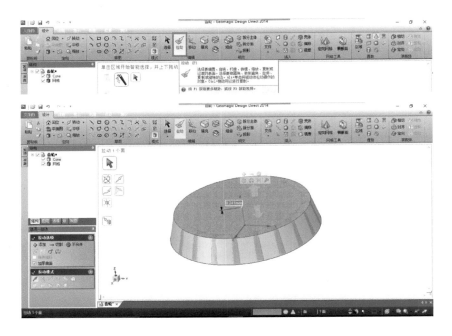

图 2-112　拉动

2）创建圆柱体模型（齿廓）

在左边属性框中勾选掉已建好的圆锥，单击拟合圆柱 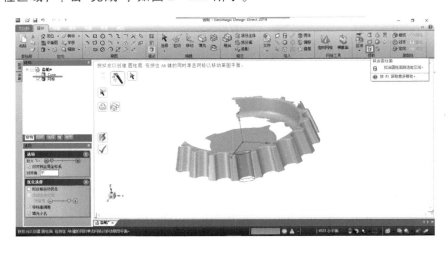 命令，选择一个圆柱区域，单击"完成"，如图 2-113 所示。

图 2-113　拟合圆柱

单击"拉动"调整圆柱高度，单击"圆柱面"调整半径，如图 2 - 114 和图 2 - 115 所示。

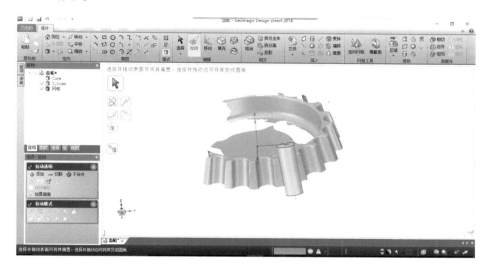

图 2 - 114　调整圆柱高度

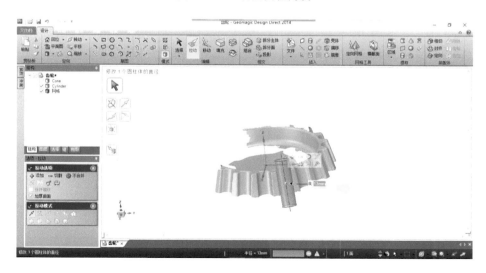

图 2 - 115　调整圆柱半径

3）创建拉伸体模型

勾选圆柱将其隐藏，单击拟合挤压 ◈ 命令，选择拉伸区域，单击"完成"，并通过"拉动"命令调整上下高度，如图 2 - 116 所示。

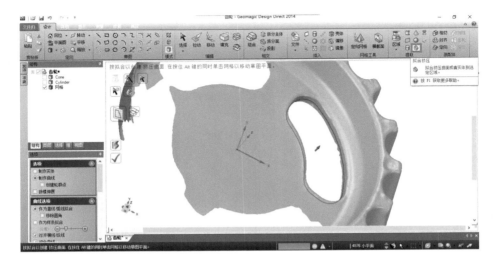

图 2-116 创建拉伸体模型

4）拟合旋转区域（齿轮内部）

勾选"拉伸体"使其隐藏，单击拟合旋转 命令，单击 命令，选择 z 轴为旋转轴，单击"完成"，如图 2-117 所示。

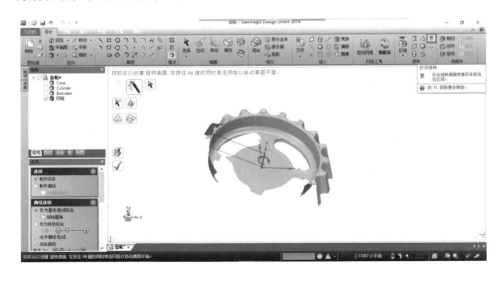

图 2-117 旋转区域拟合

5）阵列圆柱特征

隐藏旋转特征，显示拉伸特征，单击圆形阵列 命令，单击 命令，选择拉伸体，单击 命令，选择 z 轴为阵列转轴，在左侧选项栏中设置的个数为4，单击"完成"，如图 2－118 所示。

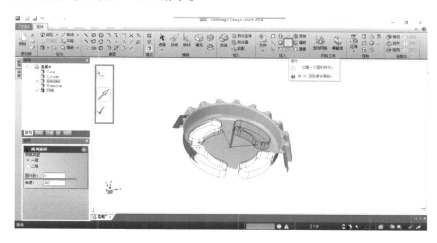

图 2－118　阵列圆柱特征

6）阵列拉伸特征

隐藏拉伸阵列，显示圆柱特征，阵列圆柱特征，圆柱个数为 20，如图2－119 所示。

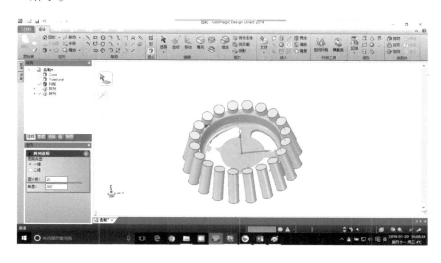

图 2－119　阵列圆柱特征

7) 对各要素进行布尔运算

显示圆锥和旋转特征，单击组合 组合 命令，单击 命令，选择圆锥，单击求差 命令，并选择旋转特征为刀具，单击 命令，选择要去除的部分(红色区块)，如图 2-120 所示。

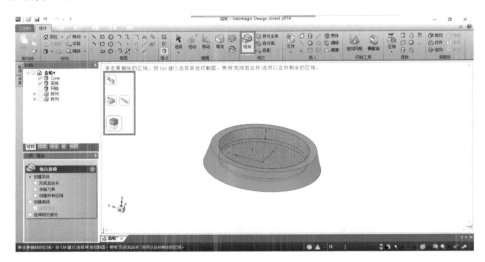

图 2-120　布尔求差选择

显示拉伸阵列，将拉伸阵列作为刀具，做布尔求差，如图 2-121 所示。

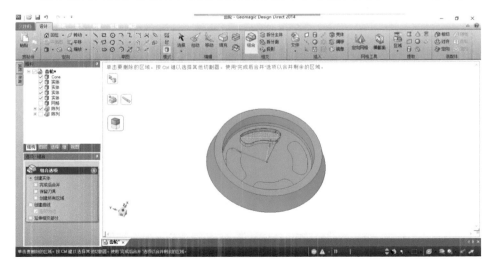

图 2-121　拉伸阵列布尔求差

显示圆柱阵列，作为刀具做布尔求差，如图 2 - 122 所示。

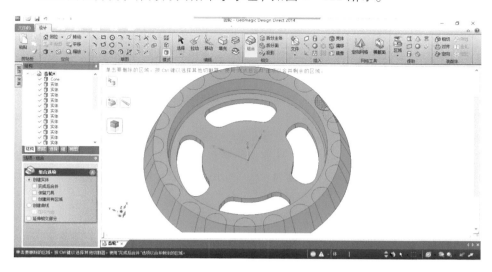

图 2 - 122　圆柱阵列布尔求差

8）完成

单击移动命令，将模型与原始数据分开，如图 2 - 123 所示。

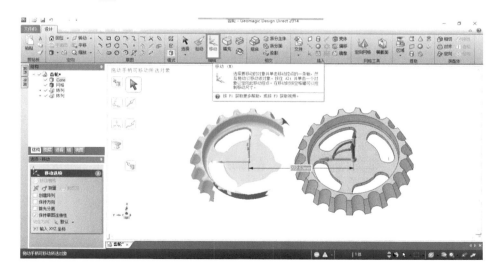

图 2 - 123　移动

2.4 STL 数据

2.4.1 数据介绍

STL 文件格式(Stereo Lithography，光固化立体造型术)是由 3D Systems 公司于 1988 年制定的一个接口协议，是一种为快速原型制造技术服务的三维图形文件格式。STL 文件由多个三角形面片的定义组成，每个三角面片的定义包括三角形各个顶点的三维坐标及三角面片的法矢量。

三角形顶点的排列顺序遵循右手法则。STL 文件有两种类型：文本文件(ASCII 格式)和二进制文件(BINARY)。

STL 文件的 ASCII 格式如下：

solid filenamestl	//文件路径及文件名
facet normal x y z	// 三角面片法向量的 3 个分量值
outer loop	
vertex x y z	//三角面片第一个顶点的坐标
vertex x y z	// 三角面片第二个顶点的坐标
vertex x y z	//三角面片第三个顶点的坐标
endloop	
endfacet	// 第一个三角面片定义完毕
……	
endsolid filenamestl	//整个文件结束

STL 的二进制文件格式如下：

二进制 STL 文件用固定的字节数来给出三角面片的几何信息。文件的起始 80 字节是文件头存储零件名，可以放入任何文字信息；紧接着用 4 个字节的整数来描述实体的三角面片个数，后面的内容就是逐个给出每个三角面片的几何信息。每个三角面片占用固定的 50 字节，它们依次是 3 个 4 字节浮点数，用来描述三角面片的法矢量；3 个 4 字节浮点数，用来描述第 1 个顶点的坐标；3 个 4 字节浮点数，用来描述第 2 个顶点的坐标；3 个 4 字节浮点数，用来描述第 3 个顶点的坐标，每个三角面片的最后 2 个字节用来描述三角面片的属性信息(包括颜色属性等)，暂时没有用。一个二进制 STL 文件的大小为三角面片数乘以 50 再加上 84 个字节。

STL 模型是以三角形集合来表示物体外轮廓形状的几何模型。在实际应用中，对 STL 模型数据是有要求的，尤其是在 STL 模型广泛应用的 RP 领域，对 STL 模型数据均需要经过检验才能使用。这种检验主要包括两方面的内容：

STL 模型数据的有效性和 STL 模型的封闭性检查。有效性检查包括检查模型是否存在裂隙、孤立边等几何缺陷；封闭性检查则要求所有 STL 三角形围成一个内外封闭的几何体。本文中讨论的 STL 模型重建技术中的 STL 模型，均假定已经进行过有效性和封闭性测试，是正确有效的 STL 模型。

由于 STL 模型仅仅记录了物体表面的几何位置信息，没有任何表达几何体之间关系的拓扑信息，所以在重建实体模型中凭借位置信息重建拓扑信息是十分关键的步骤。另一方面，实际应用中的产品零件(结构件)绝大多数是由规则几何形体 (如多面体、圆柱、过渡圆弧)经过拓扑运算得到的，因此对于结构件模型的重构来讲，拓扑关系重建显得尤为重要。实际上，目前 CAD/CAM 系统中常用的 B-rep 模型即是基于这种边界表示的基本几何体素布尔运算表达的。

因此 STL 模型重建的过程如下：首先重建 STL 模型的三角形拓扑关系；其次从整体模型中分解出基本几何体素，重建规则几何体素；然后建立这些几何体素之间的拓扑关系；最后重建整个模型。

2.4.2　常用数据格式的转换软件及方法

常见的格式转换软件有 3DTransVidia、TransMagic、CADfix 等。

3DTransVidia 是一款功能强大的三维 CAD 模型数据格式转换与模型错误修复软件，可以针对几乎所有格式的三维模型进行数据格式间的转换，以及模型错误的修复操作。3DTransVidia 可以实现 Pro/E、UG、CATIA V4、CATIA V5、SolidWorks、STL、STEP、IGES、Inventor、ACIS、VRML、AutoForm、Parasolid 等三维 CAD 模型数据格式间的相互转换，如把 STEP 格式的模型转换成 CATIA V5 可以直接读取的.catpart 或.catproduct 格式，把 IGES 格式的模型转换成 UG 可以直接读取的.prt 格式等。

TransMAGiC 是业内领先的三维 CAD 转换软件产品开发商，致力于解决制造业互通操作之间所面临的挑战性问题。TransMagic 提供独特的多种格式转换软件产品，使得模型能够在 3D CAD/CAM/CAE 系统之间快速转换。支持的文件类型从 CATIA V4、CATIA V5、Unigraphics、Pro/Engineer、Autodesk Inventor、AutoCAD (.via *.sat)、SolidWorks 到 ACIS、Parasolid、JT、STL、STEP 和 IGES。除此之外，它还可以浏览、修复、交换 3D CAD 数据。

CADfix 是针对至今还没有解决的数据转换问题，它能自动转换并重新利用原有的数据。它能发现模棱两可、不一致、错乱的几何问题，并能通过 CADfix 对其进行修复。CADfix 在可能的情况下支持全自动转换的方式，在自动方式不能完全解决问题的情况下，CADfix另外还提供交互式、可视化的诊断和修复工具。CADfix提供给用户分级式的自动、半自动工具，通过5级处理方式来处理模型数据，每一级处理既可以用用户化的自动向导来处理，也可以用交互式工具来处理。当自动向导处理方式不可行时，CADfix还提供批处理方式的工具来处理大量的模型数据。

目前机械行业常用的三维造型软件有Proe、Solidworks、CATIA、UG、Inventor等。Pro/Engineer是第一个采用参数化建模的产品，在全球有很多的用户。但PRO/E曲面功能不是太强，所以往往整车厂并不采用它作为主要的设计软件。从三维设计、分析、仿真/优化、数控加工、布线系统到产品数据管理等各方面都有相应的模块，产品覆盖企业设计和管理全流程。它的销售方式是根据企业不同阶段、不同层次的需求，购买相应的模块，逐步扩充形成完整的产品研发系统，保证了企业在CAD/CAE/CAM/PLM方面有统一的数据平台。能打开的文件格式有IGES，ACIS(.sat)，DXF，VDA，SET，STEP，STL，VRML，I-DEAS(.mfl和.pkg)等。

SolidWorks作为一种中端的三维设计软件，以其简单易学、界面友好的特点在中小企业获得很大的市场，能保存的文件格式有.slprt、.jpeg、.step、.iges、.part等。

CATIA产品主要应用在航空和汽车行业，其曲面造型功能尤为突出。欧洲大部分汽车公司都采用其作为车身设计的软件。生成的文件格式为.igs、.part、.model、.stl、.iges、.catpart、.catproduct等。

UG被当今许多世界领先的制造商用来从事工业设计、详细的机械设计以及工程制造等，主要应用于汽车、机械、计算机、模具设计等领域，在造型和模具设计方面也很有优势。能输入和输出的文件格式有.prt，.parasolid、.step、.iges等。

SpaceClaim是一款三维实体直接建模软件。它为工程和工业设计人员提供了充分的自由和空间以轻松表达最新的创意，设计人员可以直接编辑模型而不用担心模型的来源，同时可以为CAE分析、快速原型和制造提供简化而准确的模型。

SpaceClaim能保存的常见文件格式有.rsdoc、.dxf、.obj、.pdf、.stl、.jpg、.png和.xaml等。

2.4.3 STL数据修复的软件与方法

3D打印耗时且高度注重细节。在CAD或扫描文件中，会出现模型不封闭、无壁厚、法线错误、模型自相交等现象，需要对模型进行修复。有时，一个微小到难以觉察的错误往往都会耗费大量的时间和精力。因此，在 3D 打印时，对 STL 模型数据要经过检验才能使用。检验方法详见 2.4.1 节，此处不再复述。

目前，有些软件能对模型进行修复，比如 3Ds Max、ZBrush 等软件。不过，当模型过于复杂，错误过多的时候，我们没很大的耐心去一一修复。为了解决自动修复问题，一款专注于模型网格修复的 3D 软件成为解决问题的有效方法。现在市场上主要有两款用于该目的的软件：Netfabb 和 Emendo。下面就结合实例来介绍这两款软件及其修复方法。

Netfabb 是一款为增材制造、快速成形和 3D 打印所量身定制的应用程序。为了将立体对象打印出来，3D 文件必须转换为 2.5D 的切片文件，后者包含了 2D 切片的列表。为了帮助用户做好这一系列准备工作，Netfabb 具有观察、编辑、修复、分析三维 STL 文件和切片文件的功能。Netfabb 分为三个版本：基础版(Basic)、个人版(Private)和专业版(Pro)。基础版是免费的，很多功能只有在个人版和专业版中才能使用。本书中使用基础版 Netfabb 的自动修复功能进行简单修复，软件界面如图 2-124 所示。

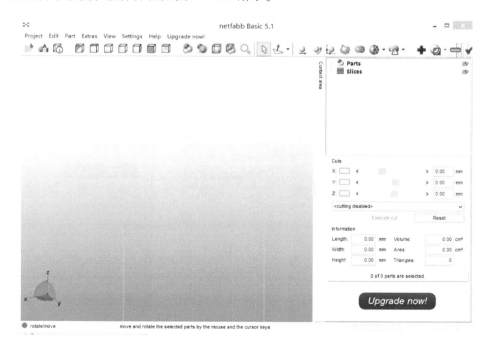

图 2-124　Netfabb 软件界面 (图片来源：阿巴赛 3D 教育)

1. 导入模型

点击"Project(项目)"→"Open(打开)",或者点击工具栏上的 导入待修复的模型。也可直接将模型拖入软件视图。导入之后,看到视图区右下角一个大大的警告图标 ,如图 2-125 所示,说明该模型存在错误。右侧面板下方显示模型的信息:Length(长)、宽(Width)、Height(高)、Volume(体积)、Area(面积)、Triangles(三角形面数)。发现体积没有数据,可能原因是该模型不封闭。

如果导入模型后,界面中不出现 图标,那么恭喜你,这个模型没有问题。

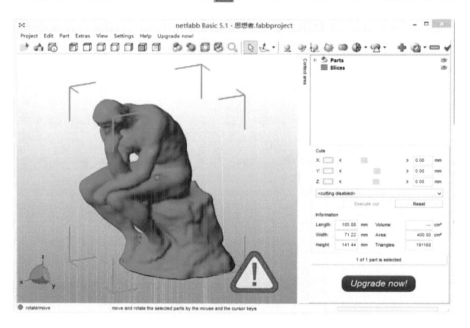

图 2-125 导入模型(图片来源:阿巴赛 3D 教育)

2. 分析模型

选中模型,点击菜单栏"Extras(附加)"→"New analysis(新分析)"→"Standard analysis(标准分析)",也可点击工具栏的 选择标准分析,此时见图 2-126。右侧面板"Context area(文字区域)"的"Parts(部件)"中多了"Part analysis(部件分析)"层级。在下方显示该模型的信息,看到"Surface is closed(曲面是否封闭)"选项是"No","Surface is orientable(曲面是否可定向)"选项是 Yes,这说明该模型不封闭,法线没有问题,如图 2-126 所示。

图 2-126 模型分析界面(图片来源：阿巴赛 3D 教育)

3. 修复模型

发现模型的问题之后，点击"Extras(附加)"→"Repair part(修复部件)"，或者点击工具栏的 ➕ 开始修复模型。观察右侧面板下方关于模型的统计信息(如图 2-127(a))，"Holes(洞)"有 6 个。点击最下方的"Automatic repair(自动修复)"，弹出修复方式选项，选择"Default repair(默认修复)"，点击"Execute(执行)"。此时模型没有洞，如图 2-127(b)所示。点击"Apply repair(应用修

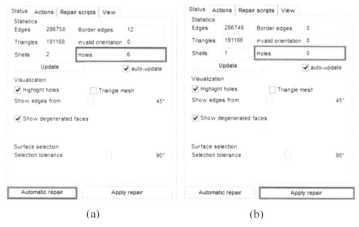

(a)　　　　　　　　　　　　(b)

图 2-127 模型修复方法(图片来源：阿巴赛 3D 教育)

111

复)"，在弹出的对话框中选择"Remove old part(移除旧部件)"。这时界面上的警告图标消失，说明修复成功；否则，该模型需要更高级的功能来修复，软件需要升级到个人版或者专业版。

一般来说，基础版的 Netfabb 能自动修复模型的封闭问题和法线问题，至于壁厚和自相交问题需要用到 Create Shell 和 Wrap 功能。

4. 导出模型

点击菜单栏"Part(部件)"→"Export part(导出部件)"→"as STL(以 STL 格式)"，或者在模型上右击，在弹出的快捷菜单中选择"as STL"。此时弹出对话框告知模型仍有错误(如图 2-128(a))，这是因为将要导出的文件类型有着更严重的问题，此时点击"Optimize(优化)"，让 Netfabb 针对该类文件进行额外的修复，通常问题能被解决。当警告图标变成勾，说明模型已经没有问题，点击"Export(导出)"即可完成整个的修复过程，如图 2-128(b)所示。

(a)   (b)

图 2-128　导出模型(图片来源：阿巴赛 3D 教育)

顺便提一下，如果使用开源切片软件 Cura，14 版本以上的 Cura 自带模型修复功能，对一些微小常规的错误能自行修复。建模的时候还是要避免问题模型的出现，出现了要进行及时修复，保证模型的正确性。

Netfabb 还有个很好的工具——测量。该工具可帮我们测量最小壁厚，避免模型厚度过小，导致打印失败。导入另一个模型，点击"Extras(附加)"→"New Measuring(新测量)"，或者点击工具栏的 ▨▨▨ 。此时右侧面板出现测量工具，如图 2-129 所示。第一行图标表示选择点的类型(面上的点、边上的点、角点、切线上的点、切线上的角点)，第二行图标表示测量尺寸类型(距离、角度、半径)，第三行表示测量的方式(壁厚、点到点、点到线、线到点、线到线、面到点)。我们选择如图 2-129 所示的参数，在视图中点击待测量的壁厚，这时自动弹出此处的尺寸，将其拖拉到适当位置，如图 2-130 所示。

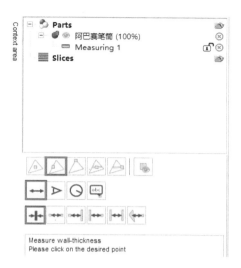

图 2-129　测量工具(图片来源:阿巴赛 3D 教育)

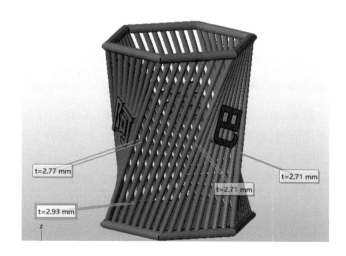

图 2-130　测量结果(图片来源:阿巴赛 3D 教育)

　　除此之外,还有很多有用的功能,这里不再一一叙述。读者朋友可去 Net-fabb 的官网下载中文使用手册。

　　Avante Technology 开发出了一款 STL 文件自动修复和验证软件系统 Emendo,可以省时省力地分析错误并自动修复 3D STL 文件。

　　一般来说,3D 打印技术人员会在打印中偶然碰上"non-manifold(无交叠边)"的 STL 文件,这意味着在其模型的表面有孔或冲突(如一个"零厚度的墙")。这些微小的疏漏会导致打印错误或完全失败。每个 CAD 或 3D 扫描仪应用软件输出 3D 对象的数学构造可能会在精度等级上略微不同。由于每个对象往往包含着数以百万计的 3D 三角面,所以当文件被打印出来时,即使是很微小的舍入误差也会累积成为一个大问题。为了保证 STL 文件的有效性和保密性,Emendo 软件采用了独特的适当性设置算法以最高的精度和很快的速度来定位和修复错误。虽然技术很复杂,不过 Emendo 软件的使用界面还是很简单清爽的,用户只需 3 个步骤即可完成整个检测、修复过程。

首先,打开 Emendo 软件,并选择文件。几秒钟内,Emendo 将识别并显示找到的错误,甚至会在文件的 3D 渲染图中高亮显示它们,如图 2-131 所示。

图 2-131　对错误的识别结果(图片来源:3dsc.com)

如果有些顽固的错误依然存在,Emendo 可以自动呈现更强大的修复操作:完全重建网面,并提供一个可 3D 打印的 STL 文件。这个操作过程需要更长的时间,但其结果几乎万无一失,而且显然比再找一个熟练的工程师从头开始更为高效。

第 3 章 常用测量方法及设备简介

3.1 常用测量方法

目前，在逆向工程中，用来采集物体表面数据的测量方法和设备多种多样，其原理也各不相同。测量方法的选用是逆向工程中一个非常重要的问题。不同的测量方式，不仅决定了测量本身的精度、速度和经济性，还会造成测量数据类型及后续处理方式的不同。根据测量探头是否与零件表面接触，逆向工程中物体表面数字化三维数据的采集方法基本上可以分为接触式(Contact)采集和非接触式(Non-Contact)采集两种。

接触式采集方法包括利用三坐标测量机(Coordinate Measuring Machining，CMM)采集法和利用关节臂测量机采集法；而非接触式采集方法主要有基于光学的激光三角法、激光测距法、结构光法、图像分析法以及基于声波、磁学的方法等。这些方法都有各自的特点和应用范围，具体选用何种测量方法和数据处理技术，应根据被测物体的形体特征和应用目的来决定。各种数据采集方法分类如图 3-1 所示。

3.1.1 接触式测量

接触式测量又称为机械测量，这是目前应用最广的自由曲面三维模型数字化数据采集方法之一。三坐标测量机(CMM)是接触式三维测量仪中的典型代表，它以精密机械为基础，综合电子技术、计算机技术、光学技术和数控技术等先进技术。根据测量传感器运动方式和触发信号产生方式的不同，一般将接触式测量方法分为单点触发式和连续扫描式两种。接触式三维扫描测量法的特点如下：

(1) 适用性强、精度高(可达微米级别)，不受物体光照和颜色的限制，适用于没有复杂型腔、外形尺寸较为简单的实体测量。

115

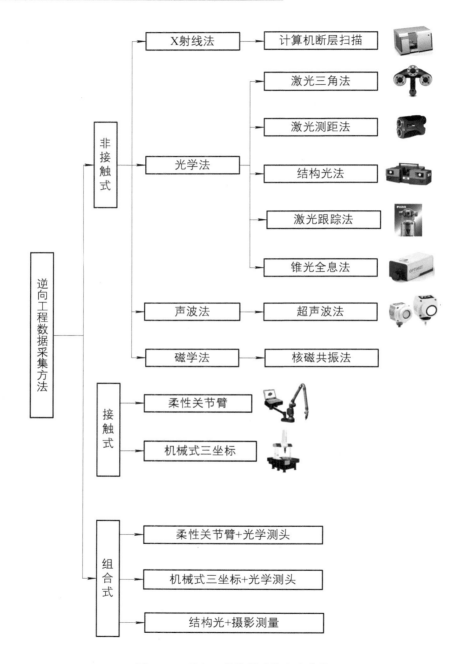

图 3-1 逆向工程数据采集方法分类

（2）由于采用接触式测量，可能损伤探头和被测物表面，所以不能对软质的物体进行测量，应用范围受到限制。

（3）受环境温湿度影响，同时，扫描速度也受到机械运动的限制，测量速度慢、效率低。

（4）无法实现全自动测量。

（5）接触测头的扫描路径不可能遍历被测曲面的所有点，它获取的只是关键特征点。

因而，它的测量结果往往不能反映整个零件的形状，在行业中的应用具有极大的局限性。下面对三坐标测量机进行简单的介绍。

三坐标测量机最初是作为一种检测仪器，对零件的尺寸、形状即相对位置进行精确检测。后随着自动控制、触发式测头等技术的发展，形成了现在的计算机控制的三坐标测量系统，可应用于各种零件的自动检测与测量。三坐标测量机主要由主机、测头、电气系统 3 大部分组成，如图 3-2 所示。测量原理是：被测零件置于三坐标测量机的工作台测量空间中（见图 3-3），计算机控制测头点触各预设测点，计算机记录下被测点的坐标位置，根据这些点的空间坐标值，可计算出被测零件的几何尺寸、形状和位置。

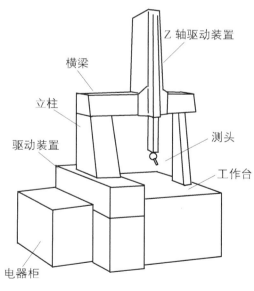

图 3-2　三坐标测量机示意图

图 3-3　Brown&Sharpe 公司的
MM-C700 三坐标测量机

1. 三坐标测量机的主机

三坐标测量机的机身结构主要由工作台、立柱、横梁组成，如图 3－2 所示；驱动装置由伺服电机、滚珠丝杠系统、钢带驱动系统、无振动驱动系统等组成；实现二维运动采用滑动、滚动轴承和气浮导轨；标尺系统包括线纹尺、气动平衡装置、感应同步器、光栅尺及数显电气装置等。

2. 三维测头

三维测头或称三维测量传感器，是测量机触测被测零件的发讯开关(见图 3－4(a))。三坐标测量机可以配置不同类型的测头传感器，包括机械式、光学式和电气式。机械式主要用于手动测量，光学式多用于非接触测量，电气式多用于接触式的自动测量。

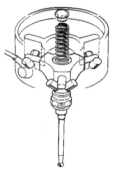

(a) 多头接触式测量针　　　(b) 开关式测头　　　(c) 接触式三维测量

图 3－4　接触式测量头

1) 机械式测头

机械式测头又可分为开关式与扫描式两大类，开关式测头的核心是零位发讯开关，如图 3－4(b)所示，它相当于三对触点串联在电路中，当触头产生任一方向的位移时，均能使任一触点断开，电路断开即发讯计数。图 3－4(c)所示为接触式探头测量三维曲面的情景。

扫描式测头实质相当于 x、y、z 三个方向皆为差动点感测微仪，x、y、z 三个方向的运动是靠三个方向的平行片簧支撑，作物间隙转动，测头的偏移量由线性电感器测出。

从图 3－5 可以看出，接触式测量的探头是一个球形体，对三维曲面测量得到的数据是探头的球心位置，要获得物体外形的真实尺寸，则需要对探头球半径进行补偿，即三维接触式测量存在一个误差修正的问题。接触式测量的补偿原理为：当测量某一曲面时，探头球体位于此被测点表面法线方向上，如图

3-5(b)所示，探头球体边沿与被测物体边沿间的接触点为 A，A 点至球心 C 点有一半径偏差量，实际要求的位置是接触点 A，所以必须沿法线负方向补正一个探头球半径的值。这就是产生测量误差的因素之一，整个物体曲面的补偿需要冗长的计算。

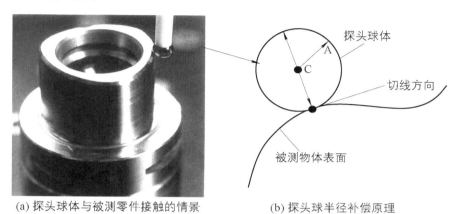

  (a) 探头球体与被测零件接触的情景 (b) 探头球半径补偿原理

图 3-5 接触式探头测量原理

 2）光学测头

  在多数情况下，光学测头与被测物体没有机械接触，这种非接触式测量具有一些突出优点，主要表现在：

  （1）由于不存在测量力，因而适合于测量各种软的和薄的工件。

  （2）由于是非接触测量，可以对工件表面进行快速扫描测量。

  （3）多数光学测头具有比较大的量程，这是一般接触式测头难以达到的。

  （4）可以探测工件上一般机械测头难以探测到的部位。

  近年来，光学测头发展较快，目前在坐标测量机上应用的光学测头的种类也较多，如三角法测头、激光聚集测头、光纤测头、体视式三维测头、接触式光栅测头等。下面简要介绍一下三角法测头的工作原理。

  如图 3-6 所示，由激光器 2 发出的光，经聚光镜 3 形成很细的平行光束，照射到被测工件 4 上（工件表面反射回来的光可能是镜面反射光，也可能是漫反射光，三角法测头是利用漫反射光进行探测的），其漫反射回来的光经成像镜 5 在光电检测器 1 上成像。照明光轴与成像光轴间有一夹角，称为三角成像角。当被测表面处于不同位置时，漫反射光斑按照一定的三角关系成像于光电检测器件的不同位置，从而探测出被测表面的位置。这种测头的突出优点是工作距离大，在离工件表面很远的地方（如 40～100 mm）也可对工件进行测量，且测头的测量范围也较大（如 ±5～±10 mm）。不过三角法测头的测量精度不是很高，其测量不确定度大致在几十至几百微米左右。

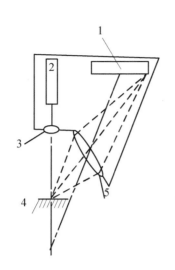

图 3-6　激光非接触式测头工作原理
1—光光电检测器；2—器激光器；3—器聚光镜；4—器工件；5—器成像镜

3. 控制系统

　　控制系统是三坐标测量机的关键组成部分之一。其主要功能是：读取空间坐标值，控制测量瞄准系统，对测头信号进行实时响应与处理，控制机械系统实现测量所必需的运动，实时监控坐标测量机的状态以保障整个系统的安全性与可靠性等。

　　按自动化程度将坐标测量机分为手动型、机动型和 CNC 型。早期的坐标测量机以手动型和机动型为主，其测量是由操作者直接手动或通过操纵杆完成各个点的采样，然后在计算机中进行数据处理。随着计算机技术及数控技术的发展，CNC 型控制系统日渐普及，它通过程序来控制坐标测量机自动进给和进行数据采样，同时在计算机中完成数据处理。

　　控制系统的通信包括内通信和外通信。内通信是指主计算机与控制系统两者之间相互传送命令、参数、状态与数据等，这些是通过联接主计算机与控制系统的通信总线实现的。外通信则是指当 CMM 作为 FMS 系统或 CIMS 系统中的组成部分时，控制系统与其他设备间的通信。目前用于坐标测量机通信的主要有串行 RS-232 标准与并行 IEEE-488 标准。

4. 三坐标测量机的软件系统

　　现代三坐标测量机都配备有计算机，由计算机来采集数据，通过运算输出所需的测量结果。软件系统功能的强弱直接影响到测量机的功能，因此各坐标测量机生产厂家都非常重视软件系统的研究与开发，在这方面投入的人力和财力的比例也在不断增加。为了使三坐标测量机能实现自动测量，需要事先编制好相应的测量程序。这些测量程序的编制有以下几种方式。

1）图示及窗口编程方式

图示及窗口编程是最简单的方式，它通过图形菜单选择被测元素，建立坐标系，并通过"窗口"提示选择操作过程及输入参数，编制测量程序。该方式仅适用于比较简单的单项几何元素测量时的程序编制。

2）自学习编程方式

自学习编程方式是在 CNC 测量机上，由操作者引导测量过程，并键入相应指令，直到完成测量，而由计算机自动记录下操作者手动操作的过程及相关信息，并自动生成相应的测量程序，若要重复测量同种零件，只需调用该测量程序，便可自动完成以前记录的全部测量过程。该方式适合于批量检测，也属于比较简单的编程方式。

3）脱机编程

脱机编程方式是采用三坐标测量机生产厂家提供的专用测量机语言在其他通用计算机上预先编制好测量程序，它与坐标测量机的开启无关。编制好程序后再到测量机上试运行，若发现错误则进行修改。其优点是能解决很复杂的测量工作，缺点是容易出错。

4）自动编程

在计算机集成制造系统中，通常由 CAD/CAM 系统自动生成测量程序。三坐标测量机一方面读取由 CAD 系统生成的设计图纸数据文件，自动构造虚拟工件，另一方面接受由 CAM 加工出的实际工件，并根据虚拟工件自动生成测量路径，实现无人自动测量。这一过程中的测量程序是完全由系统自动生成的。

3.1.2　非接触式测量

随着快速测量的需求及光电技术的发展，以计算机图像处理为主要手段的非接触式测量技术得到飞速发展，该方法主要是基于光学、声学、磁学等领域中的基本原理，将一定的物理模拟量通过适当的算法转化为样件表面的坐标点。一般常用的非接触式测量方法分为被动视觉和主动视觉两大类。

被动式方法中无特殊光源，只能接收物体表面的反射信息，因而设备简单、操作方便、成本低，可用于户外和远距离观察中，特别适用于由于环境限制不能使用特殊照明装置的应用场合，但算法较复杂、精度较低。主动式方法使用一个专门的结构光源照射到被测物体表面，可使系统获得更多的有用信息，降低算法的难度。被动式非接触测量的理论基础是计算机视觉中的三维视觉重建。根据可利用的视觉信息，被动视觉方法包括由明暗恢复形状法、由纹理恢复形状法、光度立体法、立体视觉法和由遮挡轮廓恢复形状法等，在工程中应用较多的是后两种方法。

立体视觉法又称为双目视觉法或机器视觉法，其基本原理是从两个(或多个)视点观察同一景物，获取不同视角下的感知图像，并通过三角测量原理计算图像像素间的位置偏差(即视差)，获取景物的三维信息。这一过程与人类视觉的立体感知过程是类似的。

双目立体视觉法的原理如图 3-7 所示，其中 P 是空间中任意一点，O_l、O_r 是两个摄像机的光心，类似于人的双眼，P_{cl}、P_{cr} 是 P 点在两个成像面上的像点。空间中 P、O_l、O_r 只形成一个三角形，且连线 O_lP 与像平面交于 P_{cl} 点，连线 O_rP 与像平面交于 P_{cr} 点。因此，若已知像点 P_{cl}、P_{cr}，则连线 O_lP 和 O_rP 必交于空间点 P，这种确定空间点坐标的方法称为三角测量法。

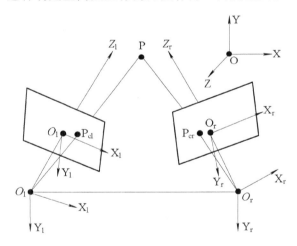

图 3-7 双目视觉测量原理

一个完整的立体视觉系统通常由图像获取、摄像机标定、特征提取、立体匹配、深度计算和数据处理 6 部分组成。由于它直接模拟了人类视觉的功能，可以在多种条件下灵活地测量物体的立体信息，而且通过采用高精度的边缘提取技术，可以获得较高的空间定位精度(相对误差为 $1\% \sim 2\%$)，因此在计算机被动测距中得到了广泛应用。但立体匹配始终是立体视觉中最重要也最难解决的问题，其有效性依赖于 3 个问题的解决，即选择正确的匹配特征、寻找特征间的本质属性及建立能正确匹配所选特征的稳定算法。虽然已提出了大量各具特色的匹配算法，但因场景中光照、物体的几何形状与物理性质、摄像机特性、噪声干扰和畸变等诸多因素的影响，至今仍未能很好地解决。

利用图像平面上将物体与背景分割开来的遮挡轮廓信息来重构表面，称为遮挡轮廓恢复形状法，其原理为将视点与物体的遮挡轮廓线相连，即可构成一个视锥体。当从不同的视点观察时，就会形成多个视锥体，物体一定位于这些视锥体的共同交集内。因此，通过体相交法，将各个视锥体相交便能得到物体的三维模型。

遮挡轮廓恢复形状法通常由相机标定、遮挡轮廓提取以及物体与轮廓间的投影相交 3 个步骤完成。遮挡轮廓恢复形状法在实现时仅涉及基本的矩阵运算，因此具有运算速度快、计算过程稳定、可获得物体表面致密点集的优点。它的缺点是精度较低，难以达到工程应用的要求，目前多用于计算机动画、虚拟现实模型、网上展示等场合。该方法无法应用于某些具有凹陷表面的物体，如美国 Immersion 公司开发的 Lightscribe 系统，由摄像头、背景屏幕、旋转平台及软件系统等组成，可对放置在自动旋转平台上的物体进行摄像，并将摄得的图像输入软件后利用体相交技术自动生成物体的三维模型，但对于物体表面的一些局部细节和凹陷区域，该系统还需要结合主动式的激光扫描进行细化。

随着主动测距手段的日趋成熟，在条件允许的情况下，工程应用更多使用的是主动视觉法。主动视觉法是指测量系统向被测物体投射出特殊的结构光，通过扫描、编码或调制，结合立体视觉技术来获得被测物的三维信息。对于平坦的，无明显灰度、纹理或形状变化的表面区域，用结构光可形成明亮的光条纹，作为一种"人工特征"施加到物体表面，从而方便图像的分析和处理。根据不同的原理，应用较为成熟的主动视觉法又可分为激光三角法和投影光栅法两类。

激光三角法是目前最成熟，也是应用最广泛的一种主动式方法。激光扫描的原理如图 3-8 所示。激光源发出的光束经过一组可改变方向的反射镜组成的扫描装置变向后，投射到被测物体上，摄像机固定在某个视点上观察物体表面的漫射点。图中激光束的方向角 α、摄像机与反射镜间的基线位置是已知的，β 可由焦距 f 和成像点的位置确定，因此，根据光源、物体表面反射点及摄像机成像点之间的三角关系，可以计算出表面反射点的三维坐标。激光三角法的原理与立体视觉在本质上是一样的，不同之处是将立体视觉法中的一个"眼睛"置换为光源，而且在物体空间中通过点、线或栅格形式的特定光源来标记特定的点，可以避免立体视觉中对应点匹配的问题。

激光三角法具有测量速度快、精度高(可达 ± 0.05 mm)等优点，但存在的主要问题是对被测表面的粗糙度、漫反射率和倾角过于敏感，存在由遮挡造成的阴影效应，对突变的台阶和深孔结构容易产生数据丢失。

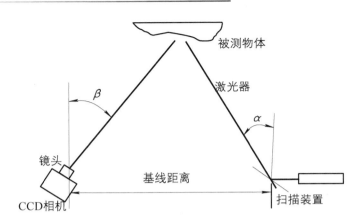

图 3-8　激光三角法测量原理图

三角测量法的特点：结构简单、测量距离大、抗干扰、测量点小（几十微米）、测量准确度高，但是会受到光学元件本身的精度、环境温度、激光束的光强和直径大小以及被测物体表面特征等因素的影响。

在主动式方法中，除了激光以外，也可以采用光栅或白光源投影。投影光栅法的基本思想是：把光栅投影到被测物表面上，受到被测样件表面高度的调制，光栅投影线发生变形，变形光栅携带了物体表面的三维信息，通过解调变形的光栅影线，从而得到被测表面的高度信息，其原理如图 3-9 中所示。入射光线 P 照射到参考平面上的 A 点，放上被测物体后，P 照射到物体上的 B 点，此时从图示方向观察，A 点就移到新的位置 C 点，距离 AC 就携带了物体表面的高度信息 $Z = h(X, Y)$，即高度受到了表面形状的调制。按照不同的解调原理，就形成了诸如莫尔条纹法、傅里叶变换轮廓法和相位测量法等多种投影光栅的方法。

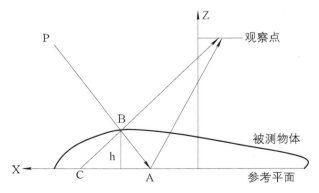

图 3-9　结构光投影法原理图

投影光栅法的主要优点是测量范围大、速度快、成本低、易于实现且精度较高(±0.03 mm);缺点是只能测量表面起伏不大即较平坦的物体,对于表面变化剧烈的物体,在陡峭处往往会发生相位突变,使测量精度大大降低。

总的来说,精度与速度是数字化方法最基本的指标。数字化方法的精度决定了 CAD 模型的精度及反求的质量,测量速度也在很大程度上影响着反求过程的快慢。目前,常用的各种方法在这两方面各有优缺点,且都有一定的适用范围,所以在应用时应根据被测物体的特点及对测量精度的要求选择对应的测量方法。在接触式测量方法中,CMM 是应用最为广泛的一种测量设备;而在非接触式测量方法中,结构光法被认为是目前最成熟的三维形状测量方法,在工业界广泛应用,德国 GOM 公司研发的 ATOS 测量系统及 Steinbicher 公司的 COMET 测量系统都是这种方法的典型代表。CMM 接触式测量与基于光学方法的非接触式测量,每一种测量方法都有其优势与不足,在实际测量中,两种测量技术的结合能够为逆向工程带来很好的弹性,有助于逆向工程的进行。

3.1.3 接触式与非接触式测量方法的优缺点

各种测量方法都有一定的局限性,对于反求工程而言,用三维测量采集数据的方法应满足下列要求:

(1) 测量精度应满足工程的需要。

(2) 测量速度要快。

(3) 采集的数据要完整。

(4) 测量过程中不能破坏被测物体。

(5) 尽量降低采集数据的成本。

根据上述要求,可以选择不同的测量方法,或根据反求工程中实际测量的情况,利用各种方法的优点互补,以获得精度高、信息完整的三维数据。

1. 接触式测量方法的优缺点

1) 优点

(1) 接触式探头、机械结构及电子系统已发展了几十年,技术相当成熟,准确性、可靠性都很高。

(2) 由于是通过接触物体表面进行测量,因而不受物体表面的颜色、反射特性和曲率影响。

(3) 可快速准确地测量出面、圆、圆柱、圆锥和圆球等物体表面的基本几何形状。

2）缺点

（1）需要使用特殊的夹具以确定测量基准，而不同形状的零件就需要对应不同的夹具，从而大幅增加了测量成本。

（2）由于探头频繁接触被测物体导致探头容易磨损，为保持一定的精度，需要经常校正探头的直径。

（3）如果操作失误容易损坏探头和零件某些重要部位的表面精度。

（4）由于是逐点进行测量，因而测量速度慢。

（5）如果零件上小孔的尺寸小于测量探头的尺寸则无法测量。

（6）如果探头的压力过大使被测物体表面发生变形，导致测量探头的局部弧面压入被测物体表面，则会影响测量精度。

（7）测量系统的结构存在静态和动态误差。

（8）由于探头触发机构的延迟导致动态误差。

2. 非接触式测量方法的优缺点

1）优点

（1）激光光斑的位置就是物体表面的位置，没有半径补偿的问题。

（2）测量过程可以用快速扫描，不用逐点测量，因此测量速度快。

（3）由于测量过程不接触物体，可以直接测量软性物体、薄壁物体和高精密零件。

2）缺点

（1）非接触测量大多应用光敏位置探测（Position Sensitive Detector, PSD）技术，而目前 PSD 的测量精度有限。

（2）非接触测量原理要求探头接收照射在物体表面的激光光斑的反射光或散射光，因此极易受物体表面颜色、斜率等反射特性的影响。

（3）环境光线及散射光等噪声对 PSD 影响很大，噪声信号的处理比较困难。

（4）非接触测量方法主要对物体表面轮廓坐标点进行大量采样，而对边线、凹孔和不连续形状的处理较困难。

（5）被测量物体形状、尺寸变化较大时，使得 CCD 成像的焦距变化较大，成像模糊，影响测量精度。

（6）被测物体表面的粗糙度也会影响测量结果。

接触式和非接触式测量都有一定的局限性，可以根据反求工程中测量的实际需要，选择不同的测量方法，或利用不同的测量方法进行互补，以得到高精度的数据。

3.2 三维扫描仪应用与分类

3.2.1 应用领域

三维扫描技术能够测得物体表面点的三维空间坐标，从这个意义上说，它实质上属于一种立体测量技术。与传统技术相比，它能完成复杂形体的点、线、面的三维测量，实现无接触测量，具有速度快、精度高的优点。这些特性决定了它在许多领域可以发挥重要作用，而且其测量结果的输出端口能直接与多种软件接口，它已经广泛应用于各个领域。

1. 产品设计

三维激光扫描技术可用于各个行业的产品设计当中，包括飞机制造业、航空航天、汽车、模具制造、铸造行业、玩具制造业、制鞋业等。特别是在汽车、飞机、玩具等领域，并非所有的产品都能由 CAD 设计出来，尤其是具有非标准曲面的产品，在某些情况下常采用"直觉设计"，设计师直接用胶泥、石膏等做出手工模型，或者需要按工艺品的样品加工，该模型和样品一般具有复杂的曲面特征。采用三维扫描仪，可对这些样品、模型进行扫描，得到其立体尺寸数据，并直接与各种 CAD/CAM 软件接口，完成建模、修改、优化和快速制造。同时，由于三维激光扫描仪采用非接触式技术，对易碎、易变性物体，也能实现好的测量，有利于产品的优化设计。

2. 工业仿制

仿制是工业加工中的一项重要任务，测量尺寸是仿制的第一步。三维扫描仪能快速测得零件表面每个点的坐标，将数据送入 CAD 系统和数控加工设备，对三维模型进行优化和制造，从而实现快速仿制的目的。

3. 快速制造系统

快速制造系统是目前国际上机械行业的研究热点之一，其中一个重要环节就是所谓的逆向工程(Reverse Engineering)，即从实物到数字模型，而这正是三维扫描技术研究的内容。CGI 公司的三维扫描设备甚至能获得物体内腔的结构。将三维扫描设备与 3D 打印机相结合，可以构成快速制造系统，实现样件、试制件的快速设计与制造。

4. 服装加工工业

传统的服装制作加工都是按照标准尺寸批量生产的。随着生活水平的提高，人们开始越来越多地追求个性化服装设计，即量体裁衣。三维扫描仪可以快速测得人身体的所有尺寸，获得其立体模型，把这些数据与服装 CAD 技术结合，可以在计算机中的数字化人体模型上，按每个人的具体尺寸设计出最合适的服装，并可以直接在计算机上观看最终的着装效果。

5. 影视特技制作领域

随着计算机图形图像技术的飞速发展，计算机影视特技技术也越来越广泛地应用于影视、广告业，给人们带来了全新的视觉感受，实现了过去无法想像的特技效果，已经成为高质量影视、广告制作中不可缺少的手段。采用三维扫描技术，能迅速、方便地将演员、道具、模型等的表面空间和颜色数据扫入计算机中，构成与真实物体完全一致的三维彩色模型，实现各种高难度特技效果。这不但大大地提高了制作水平和艺术效果，同时也节约了制作费用和制作时间。

6. 虚拟现实领域

在仿真训练系统、灵境(虚拟现实)、虚拟演播室系统中，也需要大量的三维彩色模型，靠人工构造这些模型费时费力，且真实感差。采用三维扫描技术可提供这些系统所需的大量、与现实世界完全一致的三维彩色模型数据。

7. 游乐业领域

随着技术的进步，现代计算机游戏已经进入了三维、互动、虚拟现实阶段，三维扫描不仅可以为游戏、娱乐系统提供大量具有极强真实感的三维彩色模型，还可以将游戏者的形象扫描进系统中，达到极佳的"参与感"、"沉浸感"，让其感受到梦幻般的效果。

8. 文物保护领域

对于文物保护，三维彩色扫描技术能以不损伤物体的手段，获得文物的外形尺寸和表面色彩、纹理，得到三维彩色拷贝。该技术所记录的信息完整全面，而不是像照片那样仅仅是几个侧面的图像，且这些信息便于长期保存、复制、再现、传输、查阅和交流，使研究者能够在不直接接触文物的情况下，甚至在千里之外，对其进行直观的研究，这些都是传统的照相等手段所无法比拟的。这些信息也给文物复制带来很大的便利。

目前，许多国家已将这一技术用于文物保护工作，美国斯坦福大学利用三维扫描技术实施"数字化米开朗基罗"项目，计划将文艺复兴时期的这位意大利著名雕塑家的作品数字化。英国自然历史博物馆利用三维扫描仪对文物进行扫描，将其立体色彩数字模型送到虚拟现实系统中，建立了虚拟博物馆，令参观者犹如进入了远古时代。

9. 蜡像、雕塑创作领域

三维扫描仪与数控雕刻机、3D 打印机等设备相结合，实现了对雕塑、蜡像创作领域的颠覆，同时也能更好的促进艺术家的工作。艺术家们可通过三维扫描仪获得对象的立体模型，然后利用 CAD、二维建模软件，充分发挥他们的艺术想像力和创造力，对原始模型进行随心所欲的加工、变形，随时观看效果，满意后方才进行加工制作。

10. 生物医疗领域

三维扫描技术能快速测量人体的各个部分，包括牙齿、面颌部、肢体等的尺寸，因此，对美容、矫形、修复、口腔医学、假肢制作都非常有用。在发达国家中，美容、整形外科、假肢制造、人类学、人体工程学研究等工作都开始应用三维扫描仪。同时，在考古、刑侦领域，有时需根据人或动物的骨骼来恢复其生前的形象，也可采用三维扫描仪将骨骼的坐标数据输入计算机，作为恢复工作的基础数据。

3.2.2 三维扫描仪分类

现代计算机技术和光电技术的发展，使得基于光学原理、以计算机图像处理为主要手段的三维自由曲面非接触式测量技术得到了快速发展，各种各样的新型测量方法不断产生，它们具有非接触、无损伤、高精度、高速度以及易于在计算机控制下实行自动化测量等一系列特点，已经成为现代三维面形测量的重要途径及发展方向。三维扫描仪按照扫描成像方式的不同可分为一维（单点）扫描仪、二维（线列）扫描仪和三维（面列）扫描仪。而按照工作原理的不同，又可分为脉冲测距法（亦称时间差测量法）扫描仪和三角测量法扫描仪。

1. 单点扫描仪

单点扫描仪的基本特征：光源为白光或激光点光源，在扫描时看到一个光点在物体表面移动，只能逐点摄取三维数据，由点拼接至面，再由面拼接至立体。这类三维扫描仪出现的时间最早，是三维扫描仪从无到有的飞跃。点光源的原理大概有两种，一种是三角测量原理，另一种是干涉测量原理。干涉测量中又可分为白光干涉和激光干涉。点光源的代表产品如下。

1）CORE - DS 叶片测量系统

CORE - DS 光学高速多轴测量系统是专为叶片测量量身定制的最佳解决方案。如图 3 - 10 所示，CORE - DS 使用新一代白光测头，取代了传统的接触式测头，克服了接触式测头在测量叶片时的固有弱点，为叶片测量技术开拓出一片全新领域。

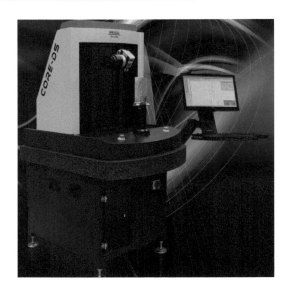

图 3-10　CORE-DS 叶片测量系统

接触式测头速度慢、测量微小物体时容易出现测头中的几大方向错误、测量结果评价过程复杂，这一直是目前叶片测量中的几大难题，因此叶片检测的效率提升一直受到较大限制，而光学测头的应用从根本上解决了这些问题。MAXOS/CORE 的光学测头采用创新的白光点光源采集数据，直径小至 9 μm 的光点可以检测到零件表面最细小的几何特征。光学测头的应用也完全避免了接触式测头容易产生的半径补偿错误。高达 4200 点/min 的采点速度和高动态多轴联动测量最大限度地提高了叶片测量的速度。一键式测量结果评价功能进一步缩短了整个叶片检测过程所需时间。应用 CORE-DS 对中等大小叶片进行测量评价，三个截面型线检测只需 2 min。

2）Optimet 点激光传感器

Optimet 点激光传感器是基于锥光偏振全息技术的，锥光全息技术是一种基于单轴晶体双折射特性的非相干光干涉测量技术，该技术由 Sirat 和 Psaltis 于 1985 年提出。锥光全息测量原理如图 3-11 所示，激光器向上发射出一束入射激光，激光遇反射平面发生反射，出射激光（与入射激光呈 90°）向左射出并穿过透镜光心射向被测工件，被测工件反射激光光束透过透镜沿着平行于光轴的方向同轴返回。激光穿过单轴晶体前的偏光镜形成偏振光，偏振光穿过单轴晶体被分解为两束正交偏振光，并以不同速度穿过晶体。其中一束光线的速度是一定的，另一束光线的速度取决于激光的入射角度。为了让两束光在探测平面发生干涉，在晶体后方也放置了一片偏光镜。最终在 CCD 传感器中观测到的

干涉纹路被称为 Gabor zone lens，定义为

$$I = I_0 \left[1 + \cos\left(K \frac{r^2}{Z_c^2} \right) \right]$$

其中 K 取决于系统的光学集合参数与波长，r 是 Gabor zone lens 的半径长度，Z_c 被称为锥光偏振修正距离，是两束光线到探测平面的几何平均距离。图 3-12 为 Optimet 点激光传感器的系统构成。

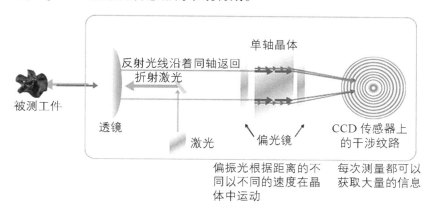

图 3-11　锥光全息测量的基本原理

图 3-12　Optimet 点激光传感器系统构成

3）白光干涉测量

图 3-13 所示为英国 Trac 集团开发的白光干涉测量产品。

总而言之，市场上还有许多的点光源测量产品，这些产品都需要搭载在高精度的运动控制系统上才能实现高精度的扫描。点光的最快速度可达万点/s，虽然与线、面扫描产品的测量速度还是没法比，但测量精度要比线、面扫描高，在测量表面光亮、反射率高的零件时具有一定的优势，这类产品更适合应用于精密检测领域。

图 3 - 13 白光干涉测量产品

2. 线光源扫描仪

线光源扫描仪是通过投射一条光线到物体的表面，通过不停的移动线扫描测头，使得光线覆盖到整个零件表面，实现物体的三维扫描测量。该类产品的原理多数是三角测量。线光扫描仪中，一种是搭载到高精密运动控制平台上的，另一种是手持的。其中手持设备应用更加灵活，测量精度要比搭载到控制平台的设备稍微差一些。搭载运动平台的典型产品主要是 LMI Technologies 的 Gocator 系列，手持扫描仪也有几大系列产品，现分别介绍各种系列。

1）LMI Technologies 的 Gocator 系列

加拿大的 LMI Technologies 是世界上最早专注于 3D 智能传感器研发、生产和销售的高科技企业，具有 30 多年的历史，拥有 100 多种视觉测量领域的专利，已帮助全球数以万计的客户实现了在各种复杂工业应用环境下的高精度在线三维测量，其产品被视为非接触式 3D 测量及检测领域的标准。

Gocator 3D 智能传感器非常适合被集成在生产设备上进行材料检测或用于改善生产过程质量控制的速度。Gocator 是各种非接触式在线检测应用的理想选择，是集 3D 测量和控制决策（分类、台格/不合格、警报）于一身的完全一体式 3D 智能传感器。每台 Gocator 传感器都已被标定过，包含所有设置、测量和控制所需的工具，从包装中取出后就能立刻进行三维扫描和测量。除了 3D 扫描能力，3D 智能传感器还包含内置的网络服务器，带有使用灵活的测量工具。无需外接电脑或软件，3D 智能传感器通过 Web 浏览器就能扫描形状、测量关键尺寸并与生产车间的设备进行通讯。即使对于那些没有太多 3D 测量经验的用户，Gocator 都非常容易上手。用户可以使用任何计算机对 Gocator 进行配置和集成，完全不受操作系统的限制。传感器可以通过网口、数字、模拟或串口输出连接到已有控制系统中，包括 PLC。Gocator 系列传感器如图 3 - 14 所示。

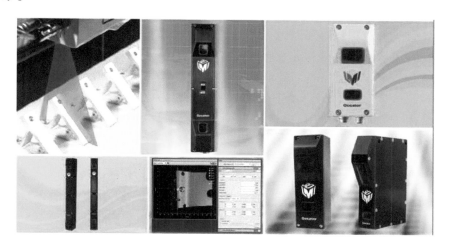

图 3 - 14　Gocator 系列传感器

2）CreatForm 系列

手持扫描仪的典型代表是加拿大形创（CreatForm）公司的系列产品，该类产品主要是利用可见光（如激光、白光）技术，采用三角测量原理，通过扫描，实现对物品的 3D 测量。其最新产品尺寸精度能达到 ±0.03 mm。该公司主要产品有：（1）手持式 3D 激光扫描仪；（2）便携式激光光笔；（3）光学坐标测量 3D 扫描仪；（4）动态跟踪模块；（5）用于输油管道完整性评估的 3D 扫描解决方案等。图 3 - 15 所示为其系列产品。

(a) 手持式3D扫描仪　　(b) 3D坐标测量系统　　(c) 安装于机器人的3D扫描仪　　(d) 动态跟踪系统

图 3 - 15　CreatForm 系列产品

3）Z Corporation 系列

Z Corporation 是世界上速度最快的三维成形机的开发商、制造商和营销商。Z Corporation 致力于制造物美价廉的多功能产品，包括全球快速且高分辨率 3D 打印机(可通过数字数据制作彩色 3D 物理原型的设备)以及独特的便携式 3D 扫描仪(实时数字化 3D 表面的手持式设备)。Z Corporation 的技术适用于制造业、建筑、土木工程、逆向工程、地理信息系统(GIS)、医疗及娱乐等行业的众多应用。

2009 年，Z Corporation 宣布推出便携式 3D 激光扫描仪 ZScanner 600，价格约为 64 万元。ZScanner 600 拥有众多优点，包括仅有 0.1 mm 的分辨率以及高达 80 μm 的 xy 轴精度。由于 ZScanner 600 在扫描时可自行定位并以部件为参考坐标，因此，用户在扫描过程中可随意移动目标对象而不会影响扫描效果。图 3 - 16 分别为 ZScanner 600 和 ZScanner 700 产品。

图 3 - 16　ZScanner 600 和 ZScanner 700

4) Polhemus 系列

Polhemus (波尔希默斯)是全球三维位置/定位跟踪系统的头号供应商，旗下主要产品有 PATRIOT 运动跟踪系统、LIBERTY 电磁跟踪器、LIBERTY 无线跟踪系统、FASTRAK 运动跟踪系统、FastScan 三维立体扫描仪、SCOUT 军用六自由度跟踪系统等。这些产品广泛应用于医疗行业、大学研究、军事训练和模拟产业、计算机辅助设计产业。图 3 - 17 分别为 FastSCAN COBRA C1 扫描仪和 FastSCAN SCORPION 扫描仪。

(a) FastSCAN COBRA C1 扫描仪　　　(b) FastSCAN SCORPION 扫描仪

图 3 - 17　PolhemμS 旗下的两款扫描仪

COBRA 售价约为 27 万, SCORPION 售价约为 33 万。SCORPION 机型配有两台摄像头, 扫描时, 双摄像头可以对激光束进行监控, 记录下物体的表面轮廓, 操作更简单。在距离被扫描物体 20 cm 范围内, 可分辨到 0.5 mm, 最佳可分辨 0.1 mm。扫描速度是每秒 50 线, 线和线之间的间隔取决于激光头的移动速度, 在 50 mm/s 的移动速度下, 分辨率是 1 mm。

5) NDI 系列

NDI 公司的三维激光扫描系统主要包括两款产品: 三维激光扫描器 ScanTRAK 和手持式三维激光扫描仪 VicraScan。

如图 3-18(a) 所示, 三维激光扫描器 ScanTRAK 采用 NDI 光学跟踪器与 ScanWorks V5 激光扫描器相结合, 能同时实现非接触式手持激光扫描和接触式坐标测量, 具有强大的功能及方便操作的特性。其精度可高达 0.0240 mm (符合 NIST 标准), 分辨率 0.0137 mm, 移动范围为 1.5～6 m 且可测量 20 m^3, 使用无需标定。

如图 3-18(b) 所示, 手持式三维激光扫描仪 VicraScan 集三维模型的创建、比较和处理功能于一身, 扫描精度达到 0.04 mm, 具有自我定位技术, 无需关节臂、三坐标测量机或其他任何跟踪定位装置, 能确保随时随地开始扫描测量(被测工件表面安放目标靶后可迅速开始测量), 安装过程瞬间完成。

(a) 三维激光扫描器 ScanTRAK　　(b) 手持式三维激光扫描仪 VicraScan

图 3-18　NDI 公司的三维激光扫描系统

3. 面光扫描仪

三维面光扫描仪的光源主要是白光或蓝光, 其工作过程类似于照相过程, 一次性扫描一个测量面, 快速、简洁。面光技术扫描速度非常快, 一般在几秒内便可以获取百万多个测量点, 基于多视角的测量数据拼接, 则可完成对物体 360°的扫描, 是三维扫描、工业设计和工业检测的好助手。

三维面光扫描仪的特点: (1) 非接触测量; (2) 精度高, 单面测量精度可达微米级别；(3)对环境要求较低；(4)对个别颜色(如黑色)及透明材料有限制，需要喷涂显像剂方能较好的扫描出来。

三维面光扫描仪采用的是结构光技术，同样依据三角测量原理，但是并非使用激光，而是依靠向物体投射一系列结构光图案，然后通过光栅解码来进行对应点匹配。结构光技术一般由两个高分辨率的 CCD 相机和光栅投影单元组成的装置实现，利用光栅投影单元将一组具有相位信息的光栅条纹投影到测量工件表面，两个 CCD 相机进行同步测量，利用立体相机测量原理，可以在极短的时间内获得物体表面高密度的三维数据。利用参考点拼接技术，可将不同位置和角度的测量数据自动对齐，从而获得完成的扫描结果，实现建模。面光扫描设备主要有以下几大系列产品。

1) 德国 GOM 系列

GOM 公司始建于 1990 年，是全球三维光学测量领域的领导者。GOM 公司的主要业务是光学测量系统开发和销售，其主要侧重于应用，如三维数字化、三维坐标测量、变形测量和质量控制。GOM 三维扫描系统可用于产品开发和质量保证，材料和部件测试，其产品广泛应用于汽车行业、航空航天行业和消费品行业，同时为世界各地的研究中心和学校提供教学实验设备。

GOM 提供 ATOS Triple Scan、ATOS Compact Scan、ATOS Core、ATOS Scan-Box 等多个型号的三维扫描系统，广泛适用于不同的应用场合和应用需求，如便携式三维扫描系统、机器人自动化扫描系统等。ATOS 三维扫描系统的核心为 ATOS 扫描头，其测量原理为结构光源原理。ATOS 工业三维光学扫描技术系列能高速地提供精准及细腻的扫描数据，另外其提供的三维测量数据更可用来作全面分析。有别于一般的单点或激光测量，ATOS 能撷取物件的完整表面几何形状和基元，并通过密集的点云或多边形网格表现出来。图 3-19 所示为 ATOS 三维激光扫描系统。

2) 德国 Breuckmann 系列

德国曼(Breuckmann)公司成立于 1986 年，是白光扫描测量行业的开拓者，也一直是此行业的领航企业。它们的产品在汽车等工业、文物保护、动画、牙齿假肢等医疗行业和人体扫描行业应用最广泛。其 3D 白光扫描系统采用了特有的专利技术(微结构光投影技术)和非对称结构，具有如下优点：

(1)几乎能测任何物体表面，测量精度可达 20 μm。

(2)测量精度高，例如，德国博尔科曼 stereoSCAN-HE 三维扫描仪的测量精度可达 4 μm，重服测量精度也高，一致性好。

(3)抗震动，便携性能很好。

(4)对位拼接技术。

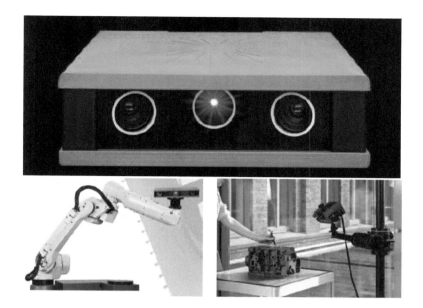

图 3 - 19　ATOS 三维激光扫描系统

(5) 边缘检测技术。

博尔科曼的主要产品有如图 3 - 20(a)所示的 StereoSCAN-HE 三维扫描仪和如图 3 - 20(b)所示的 SmartSCAN 三维扫描仪。博尔科曼的 D-StationSCAN 测量系统整合 KaVo，在牙齿测量和制作行业已销售 1000 多台，是世界上在该行业用的最多、最成功的测量系统。其完全适合于义齿、骨骼、珠宝饰品等小物件的三维数据超速扫描。

(a) StereoSCAN-HE 三维扫描仪　　　(b) SmartSCAN 三维扫描仪

图 3 - 20　博尔科曼的主要产品

3) 德国 Steinbichler 系列

德国 Steinbichler 光电技术有限公司成立于 1987 年，是世界先进的光学测量和检测技术提供商。该公司的产品有：三维数字化扫描系统、表面检测系统、轮胎检测系统、相位剪切干涉-无损检测系统、振动与变形分析系统(电视相位剪切干涉系统，ESPI/PulsESPI 系统)，主要应用于汽车、航空航天及轮胎等领域。

三维数字化扫描系统包括基于白光光栅/条纹投影原理的 Comet® 系统以及手持式激光扫描仪 T-SCAN 系统。图 3-21 展示了该公司的系列产品。

(a) COMET 5 白光三维扫描仪

(b) COMET L3D 蓝光三维扫描仪

(c) 高精度激光扫描仪 T-SCAN

(d) 手持式三维激光扫描仪 T-SCAN CS

图 3-21　Steinbichler 系列产品

4) 杭州先临三维科技系列产品

先临三维公司成立于 2004 年，专注于三维数字化与 3D 打印技术，并将两项技术进行融合创新，提供专业的三维数字技术综合解决方案，应用于工业制造、生物医疗、文化创意三大领域，帮助这些行业的客户降低产品开发制造成本，缩短产品交付周期，并有效提高产品和服务品质。公司是国内 3D 打印与三维数字化技术一体化应用的领军企业，中国 3D 打印技术产业联盟的副理事长单位，浙江省 3D 打印产业联盟的理事长、秘书长单位，光学三维测量系统(三维扫描仪)的行业标准第一起草单位。北京天远公司是国内最早做三维扫描产品的高科技公司，目前已经被先临收购。

先临三维公司的主要产品有 OpticScan 通用系列三维扫描仪、桌面级三维扫描仪、手持三维扫描仪和牙科等专用三维扫描仪等。图 3-22 展示了该公司的部分产品。

图 3-22　先临三维科技系列产品

5）武汉惟景三维科技有限公司

武汉惟景三维科技有限公司是一家专业提供三维数字化技术综合解决方案的高科技企业。公司以华中科技大学快速制造中心为技术依托，长期从事三维测量技术的研发、生产、销售和服务。研发团队在国家自然科学基金、国家 863 计划、国家科技支撑计划、欧盟框架七项目等多项国家与省部级科研项目的资助下，成功研发了具有自主知识产权的系列三维测量系统，并已在航空航天、汽车制造、能源电力、文创艺术和教育培训等多个行业得到长期稳定地应用。相关成果获得中国机械工业科学技术一等奖 1 项、教育部科技进步一等奖 1 项、日内瓦国际发明展览会金奖 2 项。

惟景三维是首批入驻武汉未来科技城"3D 打印科技产业园"的高科技企业，公司自成立以来，坚持贯彻"事业创新 实干和谐"的企业精神，着眼于多个领域对三维数字化技术的实际需求，依托强大的技术研发团队和完善的技术服务体系，立志为客户提供精确、高效、稳定、便捷的三维数字化技术综合解决方案。该公司的部分产品如图 3-23 所示。

(a) PowerScan-Std 标准型　　(b) PowerScan-Pro 精密型　　(c) PowerScan-X 手持式蓝光
　　三维扫描仪　　　　　　　　　三维扫描仪　　　　　　　　　维扫描仪

图 3-23　PowerScan 系列

6）3D CaMega——北京博维恒信公司

3D CaMega 光学三维扫描系列产品由北京博维恒信科技发展有限公司自

主研发。目前，博维恒信研发的 3D CaMega 光学三维扫描产品包括两大系列(工业三维扫描系列和人体三维扫描系列)几十种款型，其中非接触式人体三维扫描仪填补了国内空白，其对人体无害的白光扫描技术，打破了国外在三维扫描行业的高新技术垄断，给国内用户带来了极大的便利。

3D CaMega 主要型号有图 3-24 中的便携式 CPC 双目系列(c)、便携式CF 单目系列(d)、人体三维扫描系列(a)、足部扫描系列(b)等，扫描精度达到0.1 mm，价格约 24 万元。

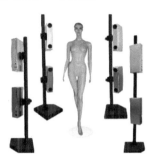 

(a) 人体三维扫描系列　　　　　　(b) 足部扫描系列

(c) 便携式 CPC 双目系列　　　　(d) 便携式单目系列

图 3-24　3D CaMega 系列

7) 深圳精易迅科技有限公司

深圳市精易迅科技有限公司是一家长期致力于非接触式三维扫描及检测系统研发、销售及服务一体化的专业三维数字化高科技公司。该企业拥有点、线、面不同系列的激光和白光三维扫描系统，可提供从三维扫描、工业检测、工业设计、脚型鞋楦定制到逆向工程等一系列的解决方案，并力争成为国内该行业最全面、最完备的解决方案厂商。

精易迅公司的主要产品有如图 3-25(a)所示的 PTS-H400M 综合型三维

扫描仪、图 3-25(b)所示的 PTS-FM 四目型三维扫描仪等，其主要特点在于：测量精度可达 0.02～0.05 mm；测量景深范围为 300～500 mm；可以扫描小至几毫米大至几米的物体，适合不同大小产品。

(a) PTS-H400M 综合型　　　　　　(b) PTS-FM 四目型

图 3-25　精易迅科技产品

3.2.3　总结

3D 扫描技术广泛应用于工业制造业、文化产业、生物医疗产业等领域，具有非常广阔的市场前景。目前国内国际都有大批公司进行着三维扫描仪的研发和销售工作，比较国内外各公司的产品及目前的发展情况，主要有如下特点：

（1）近距离三维扫描技术发展到现在，已经较为成熟，因此其研发主要以企业为主，高校、科研院所的角色在慢慢淡化。

（2）目前三维扫描技术以主动式扫描技术为主，其光源多采用激光或白光，产品中以三维照相式扫描仪居多。

（3）近距离三维扫描技术的测量基本原理均采用三角测距法和结构光法，其中部分产品为基本原理的升华版，如三维型创公司的激光扫描仪，采用的是双三角测距法的结合。

（4）国外公司(如三维型创公司、GTO 公司)引领着三维扫描技术的发展方向，虽然，目前国内的三维扫描技术有了一定的发展，涌现出一批企业，但是，其产品和技术均以仿制国外为主，创新性不足。

（5）手持式三维扫描仪的出现，体现了三维扫描技术在建模、数据处理、误差消除等方面的顶尖水平。这在国外已经是成熟的产品，最近，在国内企业中已经有相关产品面市。

第4章　面结构光三维测量技术原理

　　如第3章所述，主动三维测量技术采用不同的投射装置向被测物体投射不同种类的结构光，并拍摄经被测物体表面调制而发生变形的结构光图像，然后从携带有被测物体表面三维形貌信息的图像中计算出被测物体的三维形貌数据。在主动三维测量技术中，面结构光三维测量技术发展最为迅速，目前已出现多个分支，包括：激光扫描法（Laser Scanning，LS）、傅立叶变换轮廓术（Fourier Transform Profilometry，FTP）、相位测量轮廓术（Phase Measuring Profilometry，PMP）也被称为相移测量轮廓术（Phase Shifting Profilometry，PSP）、彩色编码条纹投影法（Color－coded Fringe Projection，CFP）等。在上述众多的面结构光测量方法中，PMP使用最为广泛，其基本思想是：通过有一定相位差的多幅光栅条纹图像计算图像中每个像素的相位值，然后根据相位值计算物体的高度信息。本章将详细介绍基于PMP的面结构光三维测量技术原理。

4.1　国内外研究现状

　　20世纪80年代，当美洲和亚洲国家致力于激光三维测量技术研究时，德国已开始研究面结构光三维测量技术。1985年，位于德国 Munich-Karlsfeld 的 M. A. N. 光学测量技术中心率先利用相移干涉法（Phase Shift Interferometry，PSI）实现了变形测量和振动分析。1986 年，该中心的研究人员 Dr. Breuckmann 将 PSI 技术引入三维形貌测量，形成了一种新的三维形貌测量技术——相位测量轮廓术（PMP），并成立了自己的实验室，专门从事此方面的研究。近20年内，该实验室相继推出了不同型号的测量系统（见图4-1），并在工业检测、文物数字化、人体测量等多个领域得到了广泛的应用。

　　除 Dr. Breuckmann 以外，Dr. Steinbichler、Dr. Wolf 及德国 Technical University of Braunschweig 的 Reinhold Ritter 教授，也是面结构光三维测量技术（特指基于 PMP 的面结构光三维测量技术，本文后续部分所述的面结构光三维测量技术与系统，在没有特别说明时，均为基于 PMP 的面结构光测量技术

图 4-1 Breuckmann 推出的不同型号的结构光三维测量系统

与系统)领域的先驱,他们在 20 世纪 90 年代分别成立了 Steinbichler GmbH、Dr. Wolf GmbH 和 GOM GmbH,并相继推出了多款面结构光三维测量系统,如 Steinbichler GmbH 的 COMET5 型结构光三维测量系统(见图 4-2)、GOM GmbH 的 Atos-Ⅱ型结构光三维测量系统(见图 4-3)等。

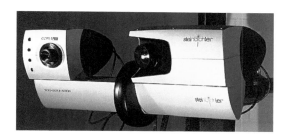

图 4-2 COMET5 型结构光三维测量系统

图 4-3 Atos-II 型结构光三维测量系统

近 10 年来,国内华中科技大学、清华大学、上海交通大学、西安交通大学等多所高校也在跟踪、吸收、消化国外先进技术的基础上,对面结构光三维测量技术进行了系统研究,并推出了商品化的测量系统,如武汉惟景三维科技有限公司的 PowerScan 系列快速三维测量系统、杭州先临科技股份有限公司的 OKIO-Ⅱ型三维扫描仪等。

4.2 测量原理简介

典型的基于面结构光三维测量系统的结构简图如图 4 - 4 所示，此系统由一个数字光栅投影装置和一个(或多个)CCD 摄像机组成。测量时，首先使用数字光栅投影装置向被测物体投射一组光强呈正旋分布的光栅图像，并使用 CCD 摄像机同时拍摄经被测物体表面调制而变形的光栅图像；然后利用拍摄得到的光栅图像，根据相位计算方法得到光栅图像的绝对相位值；最后根据预先标定的系统参数或相位-高度映射关系，从绝对相位值计算出被测物体表面的三维点云数据。此系统涉及相位计算、系统参数标定和三维重建等多个关键技术。

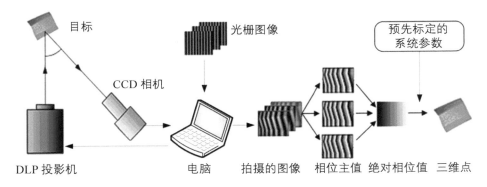

图 4 - 4　典型的基于数字光栅投影的结构光三维测量系统结构简图

4.2.1 相位移算法

相位移算法的基本思想是：通过采集多帧有一定相移的条纹图像，来计算包含有被测物体表面三维信息的相位初值。假设条纹图像光强是标准正弦分布，则其光强分布函数为

$$I_i(x, y) = I'(x, y) + I''(x, y)\cos[\phi(x, y) + \delta_i] \tag{3.1}$$

其中 $I'(x, y)$ 为图像的平均灰度，$I''(x, y)$ 为图像的灰度调制，δ_i 分别为图像的相位移，$\phi(x, y)$ 为待计算的相对相位值(也被称为相位主值)。其中 $I'(x, y)$，$I''(x, y)$ 和 $\phi(x, y)$ 为 3 个未知量，因此要计算 $\phi(x, y)$ 至少需要使用 3 张图像。

目前已有多种相位移算法，每种算法的稳定性和误差响应均不相同，因此相位移算法的选取对相位计算及后续三维重建精度有重要的影响。目前相位移算法主要有：标准 N 步相位移法或等间距满周期法、N 帧平均算法、N+1 步相位移算法和任意等步长相位移算法等。其中标准 N 帧相位移算法对系统的随机噪声具有最佳的抑制作用，且对 N－1 次以下谐波误差不敏感，目前已成为面结构光三维测量技术中使用最为广泛的一种相位移算法。本书以标准的四步相位移算法为例，介绍相位计算的基本原理。

在标准的四步相位移算法中，4 幅光栅图像的相位移分别为：0、$\pi/2$、π 和 $3\pi/2$，其光强表达式分别为

$$I_1(x,\ y) = I'(x,\ y) + I''(x,\ y)\cos[\phi(x,\ y)]$$
$$I_2(x,\ y) = I'(x,\ y) + I''(x,\ y)\cos[\phi(x,\ y) + \pi/2]$$
$$I_3(x,\ y) = I'(x,\ y) + I''(x,\ y)\cos[\phi(x,\ y) + \pi]$$
$$I_4(x,\ y) = I'(x,\ y) + I''(x,\ y)\cos[\phi(x,\ y) + 3\pi/2] \tag{3.2}$$

根据式(3.2)可计算出光栅图像的相位主值，即

$$\phi(x,\ y) = \arctan\left(\frac{I_4 - I_2}{I_1 - I_3}\right) \tag{3.3}$$

其计算过程如图 4－5 所示。

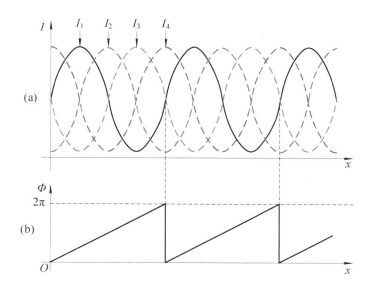

图 4－5　标准四步相位移算法

通过标准四步相位移算法计算出的相位主值 $\phi(x,\ y)$ 在一个相位周期内是唯一的，但是，由于在整个测量空间内有多个光栅条纹，$\phi(x,\ y)$ 呈锯齿状分布，必须对空间点的相位主值进行相位展开，得到连续的绝对相位值 $\Phi(x,\ y)$，如图 4－6 所示。

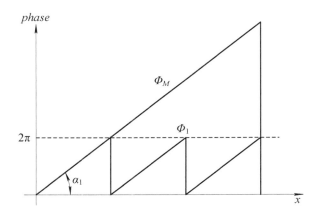

图 4－6　相位展开示意图

相位展开技术是相位测量领域的一个热点问题，经过多年的发展，目前已有非常多的相位展开算法，这些算法大体上可分为两大类：空间相位展开和时间相位展开。目前，在现有的商品化设备中，大多采用时间相位展开算法。下面以多频外差原理这一典型的时间相位展开算法为例，介绍相位展开的基本过程。

外差原理是指将两种不同频率的相位函数 $\phi_1(x)$ 和 $\phi_2(x)$ 叠加得到一种频率更低的相位函数 $\Phi_b(x)$，如图 4－7 所示，其中 λ_1，λ_2，λ_b 分别为相位函数 $\phi_1(x)$，$\phi_2(x)$，$\Phi_b(x)$ 对应的频率。$\Phi_b(x)$ 的频率 λ_b 经过计算可表示为

$$\lambda_b = \frac{\lambda_1 \lambda_2}{\lambda_1 - \lambda_2} \tag{3.4}$$

外差原理可以用来对空间点的相对相位值进行展开，为了在全场范围内无歧义的进行相位展开，必须选择合适的 λ_1 和 λ_2 值，使得 $\lambda_b = 1$。如图 4－8 所示，在图像的全场范围内，$\tan\alpha_1$ 和 $\tan\alpha_b$ 的比值等于投影图像的周期数比(设为 R_1，是个常量)，可采用下式对 $\phi_1(x)$ 进行相位展开：

$$\Phi_M = \phi_1 + O_1(x) \times 2\pi \tag{3.5}$$

其中：$O_1(x) = \mathrm{INT}\left(\dfrac{\Phi(x) \times R_1 - \phi_1(x)}{2\pi}\right)$。

根据外差相位解相的原理可知，全场相位展开是以相位主值为基础的，根据相关研究，解相过程中的参数必需满足下列等式：

$$V_0 < \frac{1}{2(\Delta\phi + \Delta\Phi)} \tag{3.6}$$

其中，V_0 表示初始相位主值的频率与外差后相位的频率的比值，$\Delta\phi$ 表示相位主值的误差，$\Delta\Phi$ 表示外差后相位的误差。按照上述不等式，假设 $V_0 = 1/64$(即

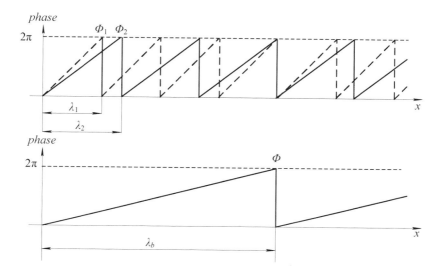

图 4 - 7 外差原理

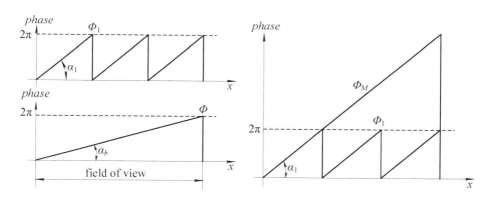

图 4 - 8 相位展开

投射的条纹频率为 $\frac{1}{64}$），则要求相位主值的误差小于 $\frac{1}{384}$，才能成功完成相位展开计算。这对相位主值计算的精度要求太高，实际测量过程中无法完成。

为了解决上述问题，华中科技大学的研究团队采用 3 种频率的光栅来进行外差相位解相，这 3 种光栅的频率分别为

$$\lambda_1 = 1/70$$

$$\lambda_2 = 1/64$$

$$\lambda_3 = 1/59 \tag{3.7}$$

其对应的相位主值分别为 ϕ_1，ϕ_2 和 ϕ_3。使用外差原理分别叠加 ϕ_1，ϕ_2 和 ϕ_2，ϕ_3，得到频率为 λ_{12}，λ_{23} 的相位 Φ_{23} 和 Φ_{12}，由式(3.4)可知

$$\lambda_{12} = 1/6$$
$$\lambda_{23} = 1/5 \tag{3.8}$$

然后再将频率为 λ_{12}，λ_{23} 的相位叠加，得到在全场范围内只有一个周期的相位 Φ_{123}，该相位的频率为 $\lambda_{123}=1$，上述计算过程如图4-9所示。最后根据式 (3.2)和式(3.3)，由 Φ_{123} 反向计算出 ϕ_1、ϕ_2 和 ϕ_3 的连续相位。上述过程包括了3个外差过程，3次外差过程中 V_0 的最小值为 6/70，因此要求相位主值的误差小于 1/70，与仅用两种频率的光栅图像进行外差计算的方法相比，三频外差解相对相位主值的精度要求大大降低，解相过程更加稳定。

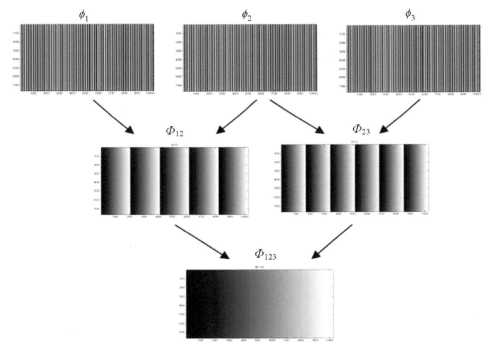

图4-9　多频外差原理

4.2.2　系统参数标定

系统参数标定是面结构光测量系统中的关键技术之一，其关键内容包括相机成像模型及其参数标定算法。本书简要介绍相机成像模型。

1. 小孔成像模型

相机模型是光学成像几何关系的简化，小孔模型(pinhole model)是最简单的相机成像模型，它是相机标定算法的基本模型。图 4-10 是一个典型的小孔成像模型示意图。

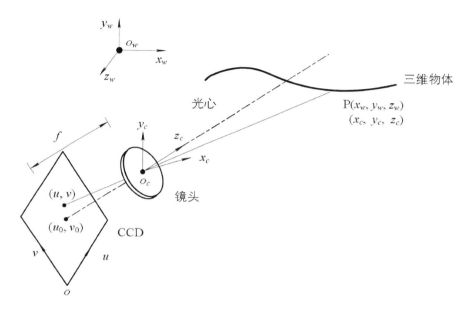

图 4-10 小孔摄像机模型

图中包括 3 个坐标系，分别为世界坐标系 (X_w, Y_w, Z_w)、相机坐标系 (X_c, Y_c, Z_c)、图像像素坐标系 (u, v) 和图像物体坐标系 (x, y)。假设空间内任意一点 P 的三维坐标在世界坐标系和相机坐标系下分别为 (x_w, y_w, z_w) 和 (x_c, y_c, z_c)，它在相机成像平面上的投影点为 (u, v)，则它们的透视投影几何关系可表示为

$$\begin{bmatrix} u \\ v \\ 1 \end{bmatrix} = \begin{bmatrix} s_x & 0 & u_0 \\ 0 & s_y & v_0 \\ 0 & 0 & 1 \end{bmatrix} \begin{bmatrix} x_c \\ y_c \\ 1 \end{bmatrix} \tag{3.9}$$

其中，(s_x, s_y) 为图像平面单位距离上的像素数(pixels/mm)，(u_0, v_0) 为相机光轴与图像平面的交点，即计算机图像中心的坐标。

假设相机坐标系与世界坐标系的转换关系为

$$\begin{bmatrix} x_c \\ y_c \\ z_c \\ 1 \end{bmatrix} = \begin{bmatrix} \boldsymbol{R} & \boldsymbol{T} \\ 0 & 1 \end{bmatrix} \begin{bmatrix} x_w \\ y_w \\ z_w \\ 1 \end{bmatrix} \tag{3.10}$$

其中，$\boldsymbol{R}$ 和 $\boldsymbol{T}$ 分别为从世界坐标系到相机坐标系的旋转和平移变换，$\boldsymbol{R}$ 是一个 3×3 的正交矩阵，$\boldsymbol{T}$ 是一个 3×1 的平移向量。

于是，将式(3.10)代入式(3.9)，可得到 P 点在世界坐标系下的坐标 (x_w, y_w, z_w) 与其投影点坐标 (u, v) 的投影关系为

$$z_c \begin{bmatrix} u \\ v \\ 1 \end{bmatrix} = \begin{bmatrix} a_x & 0 & u_0 & 0 \\ 0 & a_y & v_0 & 0 \\ 0 & 0 & 1 & 0 \end{bmatrix} \begin{bmatrix} \boldsymbol{R} & \boldsymbol{T} \\ 0 & 1 \end{bmatrix} \begin{bmatrix} x_w \\ y_w \\ z_w \\ 1 \end{bmatrix} \tag{3.11}$$

其中，$a_x = f \times s_x$，$a_y = f \times s_y$，上式可简写为

$$s \tilde{\boldsymbol{p}} = \boldsymbol{A}[\boldsymbol{R} \quad \boldsymbol{t}] \tilde{\boldsymbol{P}} = \boldsymbol{M} \tilde{\boldsymbol{P}} \tag{3.12}$$

其中，s 为尺度因子，$\tilde{\boldsymbol{P}} = [x_w, y_w, z_w]^T$ 和 $\tilde{\boldsymbol{p}} = [u, v, 1]^T$ 分别为空间点 P 和其像点的齐次坐标，$[\boldsymbol{R} \quad \boldsymbol{t}]$ 为外部参数矩阵，$\boldsymbol{A}$ 为内部参数矩阵，则

$$\boldsymbol{A} = \begin{bmatrix} a_x & 0 & u_0 \\ 0 & a_y & v_0 \\ 0 & 0 & 1 \end{bmatrix} \tag{3.13}$$

$\boldsymbol{M} = \boldsymbol{A}[\boldsymbol{R} \quad \boldsymbol{t}]$ 为投影矩阵。由公式(3.12)可见，如果已知相机的内部参数和外部参数，则可确定出投影矩阵 $\boldsymbol{M}$。对任何空间点 P，如果已知空间三维坐标 (x_w, y_w, z_w)，就可以求出其图像坐标点 (u, v)。反之，如果已知空间内某点的图像坐标 (u, v)，即使已知相机的内外部参数，也不能确定出空间点的三维坐标。这是因为：投影矩阵 $\boldsymbol{M}$ 不可逆，当已知 $\tilde{\boldsymbol{p}}$ 和 $\boldsymbol{M}$ 时，由公式(3.12)只能得到关于 (x_w, y_w, z_w) 的两个线性方程，这两个线性方程是由光心和像点构成的射线方程，即根据一幅图像中的图像坐标只能计算出空间内对应的一条线，而无法唯一确定空间点的位置。

2. 镜头畸变

由于实际的相机光学系统中存在装配误差和加工误差，使得物体点在相机图像平面上实际所成的像与理想成像之间存在偏差，这种偏差即为光学畸变误差。畸变误差主要分为径向畸变、偏心畸变和薄棱镜畸变三类。第一类只产生径向位置的偏差，后两类则既产生径向偏差，又产生切向偏差。关于这三类畸变的具体模型和表达方式可参考相关文献。对于大多数工业镜头，镜头畸变主

要是由径向畸变尤其是一阶径向畸变引起的，当畸变阶数增加时，不仅不能提高标定精度，反而会引起解算过程中的数值不稳定。

为了得到较好的标定和测量精度，本文使用二阶径向畸变，假设 (u, v) 为理想的图像坐标，$(\bar{u}, \bar{v})$ 为实际的图像坐标。类似的，(x, y) 和 $(\tilde{x}, \tilde{y})$ 为理想的和实际的归一化图像坐标，此时：

$$\tilde{x} = x + x[k_1(x^2 + y^2) + k_2(x^2 + y^2)^2]$$
$$\tilde{y} = y + y[k_1(x^2 + y^2) + k_2(x^2 + y^2)^2] \tag{3.14}$$

其中 k_1，k_2 为径向畸变系数。由于径向畸变的中心和摄像机的主点 (u_0, v_0) 重合，由 $\bar{u} = u_0 + \alpha\tilde{x} + \gamma\tilde{y}$ 和 $\bar{v} = v_0 + \beta\tilde{y}$ 可得

$$\bar{u} = u + (u - u_0)[k_1(x^2 + y^2) + k_2(x^2 + y^2)^2]$$
$$\bar{v} = v + (v - v_0)[k_1(x^2 + y^2) + k_2(x^2 + y^2)^2] \tag{3.15}$$

由上述摄像机模型可见，待标定的摄像机参数包括外部参数 $[\boldsymbol{R}, \boldsymbol{t}]$ 和内部参数 $(a_x, a_y, u_0, v_0, k_1, k_2)$。

4.2.3　三维重建

在面结构光三维测量系统中，通过相位计算得到绝对相位灰度图后，每个 CCD 图像像素均可根据其绝对相位值，计算出对应的投影仪图像中的一条直线。如图 4-11 所示，假设空间三维点 P 的世界坐标为 (x_w, y_w, z_w)，它在相机图像中的图像坐标为 (u_c, v_c)，通过上节所述的相位获取算法计算出该点的绝对相位值为 $\Phi(u_c, v_c)$，则其对应的 DMD 图像坐标为一条线（如果投射的光栅图像是垂直的，这对应为垂线，反之为水平线），其坐标为

$$u_p = \frac{\Phi(u_c, v_c)}{N \times 2\pi} \times W \tag{3.16}$$

其中：N 为光栅图像的条纹周期数，W 为投影仪在水平方向的分辨率，$\Phi(u_c, v_c)$ 为该点的绝对相位值。一旦建立起相机图像与投影仪图像的对应关系，则可使用成熟的三角测量原理计算出该点的三维坐标，可以使用成熟的相机标定算法对相机和投影仪进行标定。

假设相机和投影仪的内部参数分别为 A_c 和 A_p，外部参数分别为 M_c 和 M_p。一旦标定出相机的内外部参数，则可根据式 (3.12) 进行三维坐标计算，即

$$s_c[u_c, v_c, 1]^{\mathrm{T}} = A_c M_c[x_w, y_w, z_w, 1]^{\mathrm{T}}$$
$$s_p[u_p, v_p, 1]^{\mathrm{T}} = A_p M_p[x_w, y_w, z_w, 1]^{\mathrm{T}} \tag{3.17}$$

其中，s_c，s_p 分别是相机和投影仪的比例因子，(u_c, v_c) 和 (u_p, v_p) 是相机和投影仪的图像坐标，两者均使用预先标定出的系统畸变参数对其进行矫正。公式 (3.17) 中 (x_w, y_w, z_w)，s_c，s_p，u_p 和 v_p 是未知的，而两个公式中有 7 个线性无

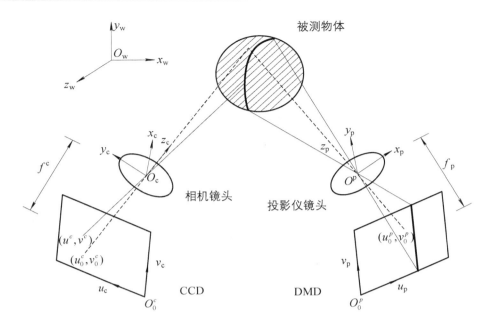

图 4-11　面结构光三维测量系统原理示意图

关的方程，因此联立两式可以唯一确定出被测点的三维坐标(x_w,y_w,z_w)。

　　本章详细介绍了面结构光三维测量技术的原理。面结构光三维测量技术原理主要分为：摄像机标定、结构光编码与解码（相位图生成与相位展开计算）和三维重建 3 大部分。下一章将以介绍华中科技大学快速制造中心自主研发的面结构光测量设备 PowerSan 为例，详细介绍面结构光测量设备的组成、测量原理以及测量过程等内容。

第 5 章　面结构光三维测量
设备原理及操作

华中科技大学快速制造中心自主研发的 PowerScan 系列三维扫描仪(见图 5-1),采用光栅扫描技术,标志点全自动拼接,具有高效率、高精度、高寿命、高解析度等优点,特别适用于复杂自由曲面的逆向建模,主要应用于产品研发设计(RD)、逆向工程(RE)及三维检测(CAV),是产品开发、质量检测的必备工具。

图 5-1　华中科技大学 PowerScan 三维扫描仪

5.1　PowerScan 系列快速三维测量系统简介

PowerScan 系列快速三维测量系统包括 PowerScan-Ⅰ(单目型)、Power-Scan-Ⅱ(双目型)和 PowerScan-Ⅳ(四目综合型)手持和自动化测量设备,如图 5-2 所示。客户可根据实际测量需求选择合适的测量设备。测量系统的具体技术参数如表 5-1 所示。

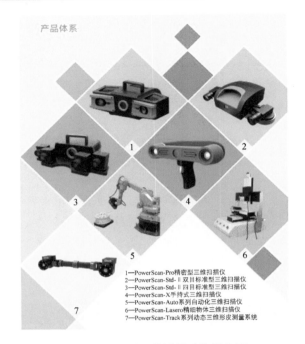

1—PowerScan-Pro精密型三维扫描仪
2—PowerScan-Std-Ⅱ双目标准型三维扫描仪
3—PowerScan-Std-Ⅱ四目标准型三维扫描仪
4—PowerScan-X手持式三维扫描仪
5—PowerScan-Auto系列自动化三维扫描仪
6—PowerScan-Lasero精细物体三维扫描仪
7—PowerScan-Track系列动态三维形皮测量系统

图 5-2 系列三维测量系统设备图

表 5-1 PowerScan 系列快速三维测量系统参数表

产品型号	PowerScan-Ⅰ （单目）	PowerScan-Ⅱ （双目）	PowerScan-Ⅳ （四目综合型）
单幅测量范围 /mm×mm	350×280	100×80～350×280 （可调节）	100×80～350×280 （可调节）
摄像头分辨率 /pixels	1280×1024	1280×1024	1280×1024
测量点距/mm	0.273	0.078～0.273	0.078～0.273
单幅测量精度/mm	±0.040	±0.030	±0.030
1 m 拼合精度/mm	±0.060	±0.048	±0.048
单幅测量时间/s	≤3		
扫描方式	非接触式		
拼接方式	标志点自动拼接或转台自动拼接		
可输出文件格式	ASC，PLY，AC 等通用数据格式		

备注：可根据客户需求定制系统。

设备的详细配置如图 5 - 3 所示。

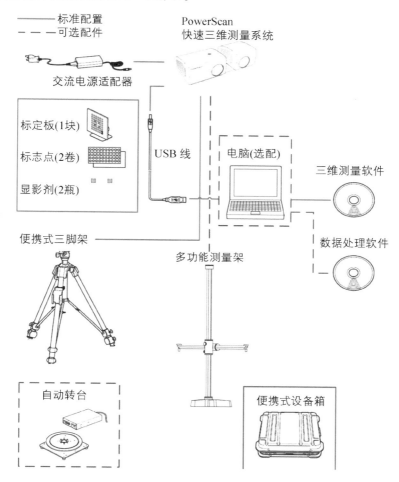

图 5 - 3　系统配置图

PowerScan 系列快速三维测量系统的主要具有如下特点和优势。

1. 快速与高精度

单幅测量时间小于 1 s，单幅测量精度可达 0.03 mm，1 m 拼合精度可达 0.05 mm。PowerScan 系列快速三维测量系统作为三维测量和精度检测的基础工具，在使用之前必须保证其测量精度。为此，该单位制定了国内首个专门针对面扫描快速三维测量系统的精度检测标准，分别从单次测量精度(包括球面度、球体空间精度、平面度)和多次测量拼合精度(包括球面度和球体空间精度)两个方面对测量系统进行科学地精度检测，以保证测量精度。

2. 多种测量模式、柔性强

在不同的应用领域，被测物体种类繁多、尺寸各异、复杂程度各不相同，且对测量的完整性和精度要求也各有侧重。PowerScan 系列快速三维测量系统具有单目或双目多种型号可供选择，柔性更强。单目和双目两种技术各有优势，其中单目系统在测量复杂物体时遮挡问题更少，能够获取更为完整的三维数据；双目系统测量精度更高，能够满足对测量精度具有更高要求领域的测量需求。单目测量技术和双目测量技术测量范围如图 5－4 所示。

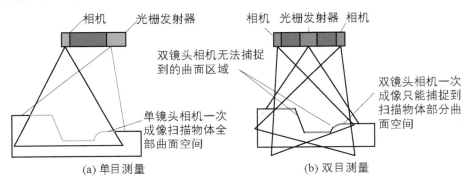

图 5－4 单目测量技术和双目测量技术测量范围示意图

3. 高分辨率与高解析度

测量设备的测量范围和测量分辨率可自由调整，以确保被测物体的细节信息能够清晰表达；采用独特的彩色纹理合成技术，能够在测量高精度、高分辨率的三维数据的同时，在同一坐标系下获取物体表面真实的彩色纹理信息，从而自动实现 100％ 的精确纹理实时匹配。

4. 全自动拼接、操作简单

不同角度的测量数据可使用标志点或者旋转工作台进行全自动拼接，拼接工作快速准确，采用特有的全局误差控制算法，能够有效控制拼接的累计误差。测量设备设计精巧，可装入一只手提箱，能够非常方便地携带到作业现场或者转移于工厂之间。经过优化设计的操作界面使用非常方便，技术人员仅需 1～2 天的培训即可熟练操作。

5. 输出数据接口广泛、兼容性强

测量所得的点云数据可输出为 ASC、AC 、PLY 等通用数据格式，可直接与 Geomagic、Imageware、Rapidform、PloyWorks、Maya、3D Studio Max、UG 、CATIA、Pro/E 等点云数据处理软件和 CAD 设计软件配合使用。此外，获取的三维点云数据，还可与摄影测量系统、手持式光笔测量系统、关节臂测量机和三坐标测量机等单点测量系统共用同一坐标系，数据完全兼容，可解决各种复杂物体的测量问题。

5.2　PowerScan 系列快速三维测量系统构造

5.2.1　系统框图

　　PowerScan 三维测量系统是一种采用结构光技术、相位测量技术、计算机视觉技术的复合三维非接触式测量技术。测量时光栅投影装置投影特定编码的光栅条纹到待测物体上，摄像机同步采集相应图像，然后通过计算机对图像进行解码和相位计算，并利用匹配技术、三角形测量原理解算出摄像机与投影仪公共视区内像素点的三维坐标，通过三维测量系统软件界面可以实时观测相机图像以及生成的三维点云数据。系统框图如图 5-5 所示。

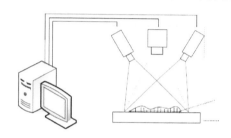

图 5-5　系统框图

5.2.2　系统结构

　　PowerScan 三维测量系统主要由高精度的 CCD 相机、投影设备、三角架、云台和标定板等组成，结构如图 5-6 所示。

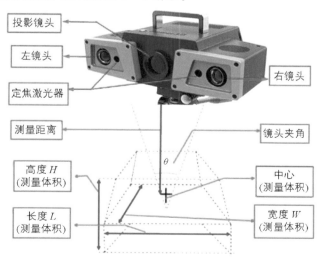

投影镜头

左镜头

右镜头

定焦激光器

测量距离

镜头夹角

θ

高度 H
(测量体积)

中心
(测量体积)

长度 L
(测量体积)

宽度 W
(测量体积)

图 5-6　三维测量系统结构示意图

1. 三角架和云台介绍

如图5-7所示，系统中配合使用三角架和云台来稳定三维测量系统的位置。三角架主要用来稳定三维测量系统并且调整测量高度，云台主要用来调整系统的俯仰角度，下面详细介绍云台和三角架的组成及各组件功能。

云台的结构如图5-8所示，其中：

①——云台竖直控制手柄，用于调整扫描仪在竖直方向的俯仰角度。

②——云台水平控制手柄，用于调整扫描仪在水平方向的倾斜角度。

③——云台转动控制旋钮，用于控制扫描仪在水平面内的转动。

图5-7　三角架和云台

④——云台安装控制把手，用于固定和拆卸扫描仪。

三角架结构如图5-9所示，其中：

①——三角架升降锁紧开关，用于控制三角架的升降。

②——三角架角度控制开关，用于调整三角架支撑杆之间的角度。

③——三角架伸缩控制开关，用于放出和收回三角架的内支撑杆。

注意：当三角架和云台都调整到最佳状态后，必须将其锁定，以免发生意外。

图5-8　云台图

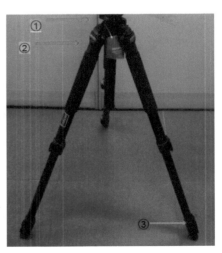

图5-9　三角架图

2. 标定板

标定板样式如图 5 - 10 所示，三维测量系统通过拍摄标定板在不同位置的图像，经过一系列计算来实现对系统的标定。一般根据扫描物体的大小，选择不同尺寸的标定板。

注意：使用过程中请保持标定板干净整洁，确保标记点准确完整。

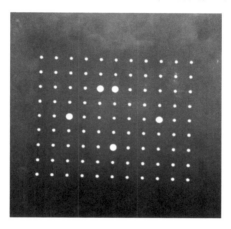

图 5 - 10　标定板图

5.3　PowerScan 系列快速三维测量系统安装调试

1. 环境要求

环境温度：－ 10℃ ～ 35℃ (为达到最佳测量精度，将机器置于恒温环境为宜)。

环境空气湿度：10％～90％非液化(请尽量保持环境干燥)。

环境光线：应将本机器置于无频闪光源、弱光照的稳定光强环境。

工作环境：将系统置于可稳定放置的环境中工作。通常将其与三脚架稳固连接，或者直接将其置于工作平台上使用。

其他要求：工作时测量系统与样品的工作距离应保持固定，直至扫描测量结束(周围无震动源)。请勿敲击、碰撞本产品，运输时请将其置于工具箱中，轻拿轻放。

2. 配置要求

电源：220 V 交流电源。

操作系统：Windows 7 32 位旗舰版或专业版(推荐)。

推荐配置包括：

电脑：台式电脑。

处理器：英特尔 Core i5 750 @2.67 GHz。

主板：微星 P55-SD50 (MS-7586)。

芯片组：英特尔 Core Processor DMI-P55 Express 芯片组。

内存：4 GB（金士顿 DDR3 1333 MHz）。

主硬盘：500 GB（西数 WDC WD5000AAKS-00V1A0）。

主显卡：512 MB（Nvidia GeForce GT 240）。

显示器：19 英寸宽屏(1440×900)液晶显示器。

3. 硬件连接

图 5-11 所示是三维测量系统与电脑主机连接的连线图。

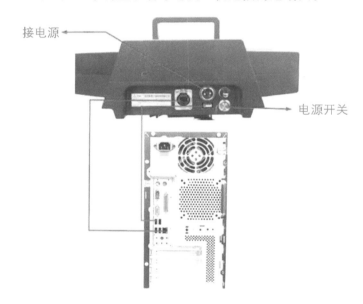

图 5-11　硬件连线图

4. 系统驱动和软件安装

　　硬件接线完成后，打开计算机和三维扫描仪电源，放入安装光盘，并按照以下顺序安装。

　　1）运行时库安装

　　打开光盘运行"时库"文件夹，双击"MCRIstaller.exe"文件，根据软件安装步骤提示进行操作，直到安装完成，如图 5-12 所示。

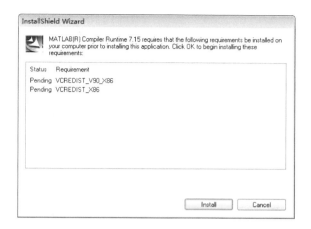

图 5 - 12　运行时库安装界面

2) 相机驱动安装

打开光盘"basler 相机驱动"文件夹，双击"Basler pylon x64 4. 1. 0. 3660. exe"文件(32 位程序则打开 Basler pylon x86 4. 1. 0. 3660. exe)，根据软件安装步骤提示进行操作，直到安装完成，如图 5 - 13 所示。

图 5 - 13　Basler 相机驱动安装界面

注：安装完成后启动桌面上 pylon IP Configurator，配置每个相机的静态IP，使其与网卡在同一个网段上。

3) 软件安装

最后将光盘上的"PowerScan"文件夹复制至目的盘即可。

5.4 软件界面介绍

打开三维测量系统软件，软件主界面包括以下栏目，如图 5-14 所示。

标题栏：本系统名称和当前活动窗口。

菜单栏：包括所有的操作选项。

工具栏：提供了操作的快捷方式。

视窗栏：如图 5-14 上面的数字所示，分别为：

① 文件名视窗：显示已扫描测量文件名称。

② 显示视窗：显示已扫描测量获得的物体三维数据。

③ 场景视窗：显示相机拍摄到被测量物体的图像场景。

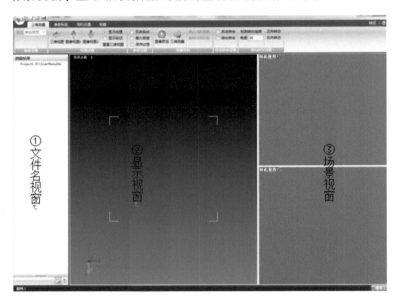

图 5-14　三维扫系统软件主界面

1. 菜单栏

文件菜单如图 5-15 所示，包括新建、打开、保存和另存为 4 个功能。

2. 工具栏

相机设置工具栏如图 5-16 所示，包括图像采集、设置等相关功能。

工具栏中的图像采集部分包括：

连续采集：连续采集图像。

停止采集：停止采集图像。

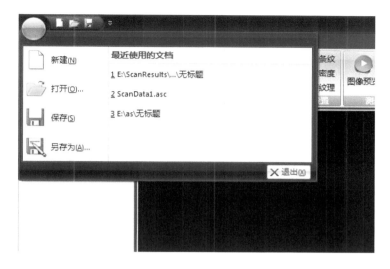

图 5-15 文件菜单

图 5-16 相机设置工具栏

工具栏中的测试类别部分包括：

十字图像：投影出一个十字，用以调节系统的最佳测量距离，当投影十字与相机视图框内十字重合时，扫描测量效果最佳。

光栅图像：投影出光栅条纹图像，用以调节相机曝光时间。

白色图像：投影白色光，用以预览图像。

工具栏中的参数设置部分包括：

曝光时间：用于调节整幅图像的亮度。

增益调节：用于调节图像的对比度、清晰度。设置此项目时，可以用鼠标左键拖住滑块进行左右移动，也可以直接在文本框内手动输入一个整数值，也可以点击"增减"按钮，每次加 1 或减 1。通常情况，在初始状态下，增益可设为 8，在以后使用中可根据实际效果进行修改，一般普通扫描的增益值在 4～12 之间。

包长调节：根据计算机带宽选择包长。

5.5 系统操作说明

三维测量系统软件是与三维测量系统的硬件配套使用的，因此在启动软件时，要确保硬件连接正确，然后再接通所有硬件的电源，启动计算机、三维扫描仪。系统的操作流程如图 5-17 所示。

图 5-17 系统操作流程

5.5.1 建立工程

扫描测量物体之前，选择菜单"文件→新建工程"或点击图标□，新建一个工程，弹出如图 5-18 所示的窗口，选择"新建工程文件夹"保存路径。此文件夹中不仅包含工程的配置，而且还包含扫描测量时得到的三维点云数据。

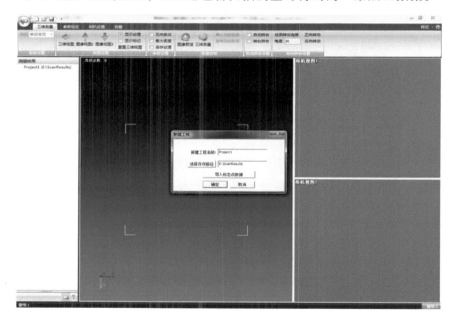

图 5-18 新建工程图

5.5.2 系统标定

系统标定就是通过建立成像的几何模型，并求解模型参数来确定扫描物体表面某点的三维几何位置与其在图像中对应点之间的相互关系的过程。标定的精度将直接影响系统的扫描测量精度。

一般遇到以下情况需要进行标定：

(1) 测量系统初次使用或长时间放置后使用。

(2) 测量系统使用过程中发生碰撞，导致相机位置偏移。

(3) 测量系统在运输过程中发生严重震动。

(4) 测量过程中发现精度严重下降，如频繁出现拼接错误、拼接失败等现象。

(5) 更改扫描测量范围时对相机进行位置调整。

(6) 扫描测量精度要求较高时，也可通过重新标定获得。

下面详细介绍一下 PowerScan 三维测量系统的标定方法、步骤与流程，标定操作的流程图如图 5-19 所示。

图 5-19　标定操作流程图

标定开始之前，首先设定标板参数，参数包括标定圆心的行数、列数和圆心之间的距离，如图 5-20 所示。标定板参数设置好后，按如下步骤和流程进行测量系统的标定。

图 5-20　标定板设置标题栏

1. 标定步骤

(1) 将标定板放置在合适的位置，点击"采集图像"采集标定所需的图像，采集完毕后，用于标定相机的图像显示在相机视图窗口内，如图 5-21 所示。

(2) 点击"提取圆心"自动提取标定板图像内的圆心坐标，同时选择自动"圆心排序"和"计算 DMD 图像"，得到标定相机和投影仪所需的数据，如图 5-22 所示。

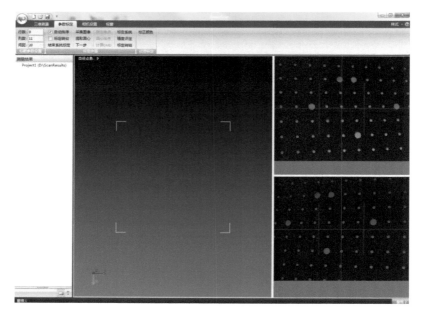

图 5-21　标定图像窗口显示

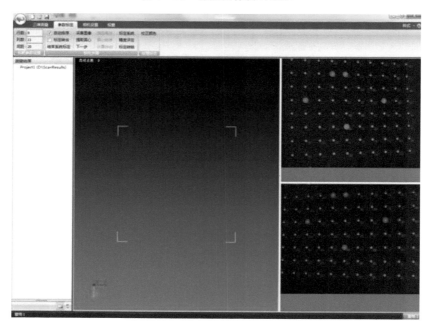

图 5-22　标定圆心提取窗口显示

(3) 点击"下一步"，并变换标定板的位置，重复步骤(1)和(2)，直至得到 12 个不同位置的标定数据。

说明：过程中需要注意系统位置和标定板姿态的摆放(共 12 个姿态)。

2. 具体流程

(1) 调整标定的一个最佳距离(约 500 mm)，把标定板正对投影仪，作为标定第一幅图像的位置，如图 5 - 23 所示。

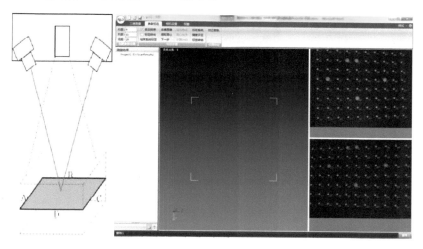

图 5 - 23　标定板放置在第一个位置指示图

(2) 把系统在第一幅图像上的位置向后移动 100 mm 左右，作为第 2 幅图像的位置，如图 5 - 24 所示。

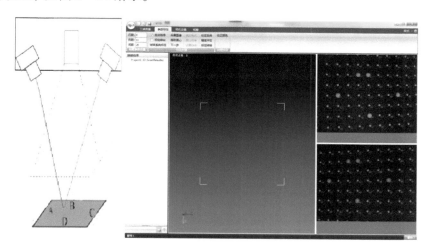

图 5 - 24　标定板放置在第二个位置指示图

167

（3）把系统在第二幅图像上的位置向前移动 200 mm 左右，作为第 3 幅图像的位置，如图 5 - 25 所示。

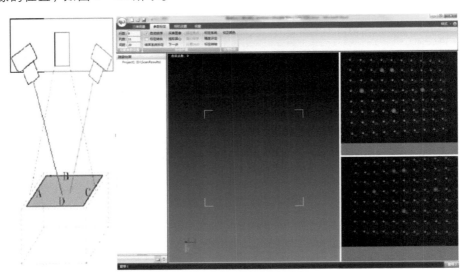

图 5 - 25　标定板放置在第三个位置指示图

（4）把系统移回到第一幅图像的位置上，并把标定板顺时针旋转 90°，作为第 4 幅图像的位置，如图 5 - 26 所示。

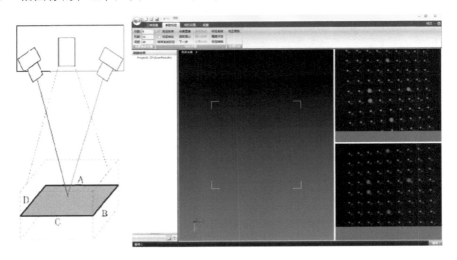

图 5 - 26　标定板放置在第四个位置指示图

（5）保持系统在第一幅图像的位置上，再把标定板顺时针旋转 90°，作为第

5 幅图像的位置，如图 5 - 27 所示。

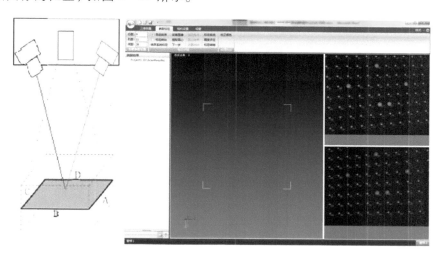

图 5 - 27 标定板放置在第五个位置指示图

（6）保持系统在第一幅图像上的位置，再把标定板顺时针旋转 90°，作为第 6 幅图像的位置，如图 5 - 28 所示。

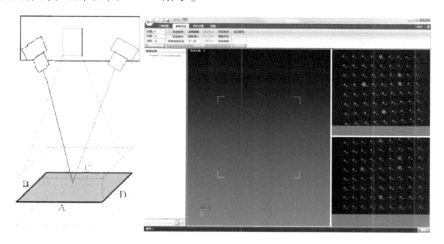

图 5 - 28 标定板放置在第六个位置指示图

（7）保持系统在第一幅图像的位置上，把标定板摆正并正对左相机，作为第 7 幅图像的位置，如图 5 - 29 所示。

（8）保持系统在第一幅图像的位置上，把标定板顺时针旋转 180°并正对左相机，作为第 8 幅图像的位置，如图 5 - 30 所示。

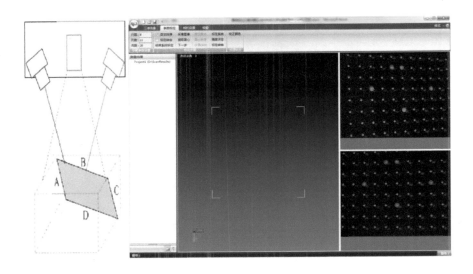

图 5-29　标定板放置在第七个位置指示图

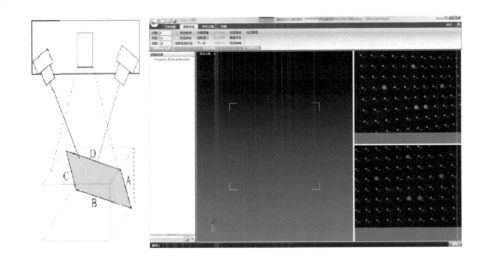

图 5-30　标定板放置在第八个位置指示图

(9) 保持系统在第一幅图像的位置上，把标定板摆正并正对右相机，作为第 9 幅图像的位置，如图 5-31 所示。

(10) 保持系统在第一幅图像的位置上，把标定板顺时针旋转 180° 并正对右相机，作为第 10 幅图像的位置，如图 5-32 所示。

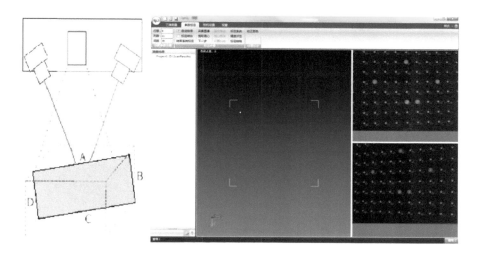

图 5-31 标定板放置在第九个位置指示图

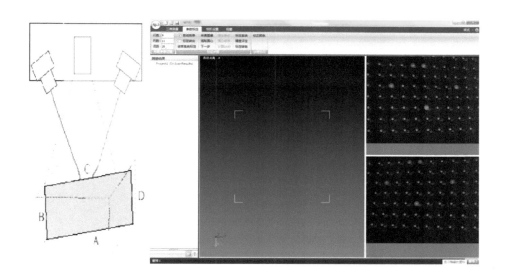

图 5-32 标定板放置在第十个位置指示图

(11) 保持系统在第一幅图像的位置上，把标定板摆正并上下斜对投影仪，作为第 11 幅图像的位置，如图 5-33 所示。

(12) 保持系统在第一幅图像的位置上，把标定板顺时针旋转 180°并上下斜对投影仪，作为第 12 幅图像的位置，如图 5-34 所示。

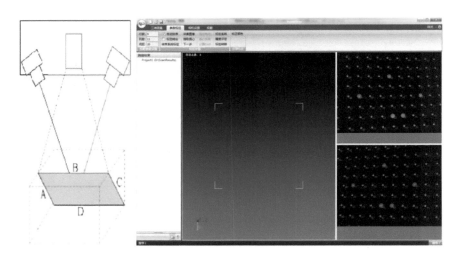

图 5 - 33　标定板放置在第十一个位置指示图

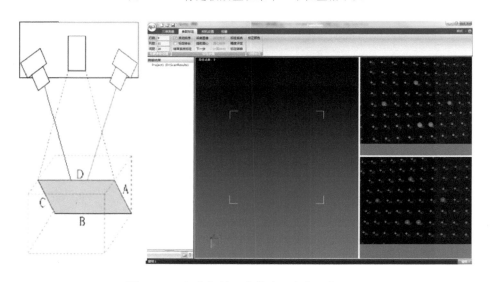

图 5 - 34　标定板放置在第十二个位置指示图

（13）随意摆放一个位置作为精度标准，并确定能提取出标定板上所有的圆心，如图 5 - 35 所示。

采集完成上述位置的 13 幅图像并提取圆心坐标后，点击"标定系统"完成标定过程，点击"精度评定"得到标定结果，如图 5 - 36 所示。

如果标定结果符合要求（最大误差在±0.03 mm 以内），点击"结束标定"完成标定；如果标定结果不符合要求，点击"结束标定"，然后再重新开始标定。

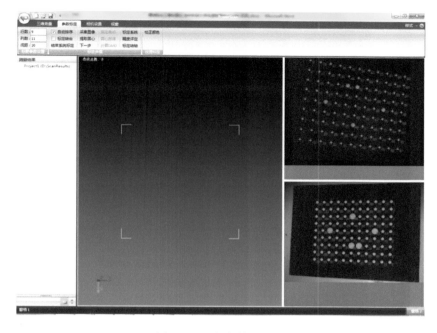

图 5－35　标定精度评价

图 5－36　标定结果

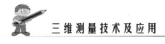
5.5.3 扫描测量设置

先检查电源和各种信号线有没有接上，再打开相应电源，最后再打开三维测量软件。点击"三维测量"标签进入三维测量界面，如图 5 – 37 所示。

图 5 – 37 三维测量软件界面

1. 系统设置

设置系统扫描测量的方式。扫描测量方式分为单目、双目、单双目混合三种。

2. 视图设置

（1）三维视图：使物体三维扫描数据窗口最大化。

（2）图像视图 1：使相机 1 视图窗口最大化。

（3）图像视图 2：使相机 2 视图窗口最大化。

（4）显示纹理：显示三维数据纹理。

（5）显示标记：在自动拼合过程中，显示扫描计算出的标志点。

3. 参数设置

（1）双向条纹：使用横、竖双向光栅条纹扫描。

（2）最大密度：图像分辨率最大，不经过采样。

（3）保存纹理：保存图像的纹理信息，图像格式为 ply。

4. 测量控制

（1）图像预览：预览相机视图。

（2）三维测量：测量数据。

（3）确认当前数据：确认使用当前扫描所得数据进行自动拼合。

（4）撤销当前数据：取消使用当前扫描所得数据进行自动拼合。

5. 自动拼合设置

（1）自动拼合：使用标志点自动拼合。

（2）转台拼合：使用转台进行拼合。

6. 转台拼合设置

（1）检测转台连接：点击查看转台是否连接上。

（2）角度：输入一个角度，此角度为测量时每次旋转入的角度。

（3）正向转动：顺时针方向转动。

（4）反向转动：逆时针方向转动。

5.5.4 选择模型拼接方式

在扫描测量开始之前，需要确定模型的拼接方式。当被扫描物体不能通过单次扫描测量操作达到预期要求时，需要对其进行多次扫描。而进行多次扫描就涉及到了扫描的多个单片模型之间如何进行整合拼接的问题。本软件提供两种拼接方式，即标志点自动拼接和手动拼接，可根据扫描物体的具体情况进行选择。

1. 自动拼接

若物体大小适中，表面纹理较简单，且表面有较多的平坦区域适合黏贴标志点时，可选择标志点自动拼接方式。

具体设置方法如图 5 - 38 所示，在工具栏点击"三维测量"按钮，并在"自动拼合设置"菜单中选择"自动拼合"选项即可。

图 5 - 38　拼接方式设置工具栏

自动拼接的优点：扫描方便快捷，拼接迅速准确，在扫描过程中不需运行其他软件。

自动拼接的缺点：点云重复率较高，物体贴点后扫描得到的模型，需要对标志点处进行补洞处理。

2. 手动拼接

针对某些极小尺寸物体，表面细节过于复杂或者有其他原因不适合黏贴标志点时，建议选择手动拼接方式。

具体设置方法：在工具栏点击"三维测量"按钮，并在"自动拼合设置"菜单中取消选择"自动拼合"选项即可。

手动拼接优点：扫描较自由，不受公共标志点个数的限制；点云重复率较低；所得模型不需要进行补洞处理。

手动拼接缺点：模型之间需要进行手动选点拼接，拼接后要进行优化。

5.6 扫描测量

对物体进行扫描测量时，首先要选择拼接方式，选择自动拼合的测量方式在测量开始前要观察被测物体的特点，根据物体的特点在物体表面黏贴标志点。

5.6.1 黏贴标志点

黏贴标志点时应注意如下几点：

（1）标志点尽量要随机贴在物体表面上的平坦区域，与曲面每边边缘的距离保持在 12 mm 左右。

（2）两两相邻标志点的最小距离应保持在 20～100 mm 之间。图 5 - 39 所示为正确分布的标志点实例。

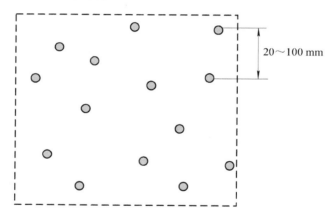

图 5 - 39　正确粘贴标志点示例图

（3）不要人为地将标志点分组排列，如图 5 - 40(a)所示。

（4）标志点尽量不要贴在一条直线上，如图 5 - 40(b)所示。

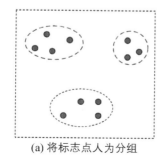

(a) 将标志点人为分组　　　　　　(b) 粘贴成一条线

图 5 - 40

5.6.2 标志点匹配

不同模型块之间进行自动拼接是通过对标志点的识别和匹配进行的。每次扫描中，物体上的一部分标志点会被软件识别，并进行编号记录。如果在新一次扫描中这些点又被识别出来，并且记录编号相同，那么这些标志点就是公共标志点。

标志点匹配成功的原则是：新扫描的模型与已有模型之间的公共标志点至少为 3 个。由于图像质量、拍摄角度等多方面原因，有些标志点不能被正确识别，因而可以适量的多使用一些标志点。

5.6.3 扫描测量

1. 单次扫描

将被测物体摆放平稳，开始扫描。点击命令面板中的按钮，系统会自动匹配视窗中的标志点，若标志点匹配成功，系统会自动提取并计算物体表面的匹配标志点，并将有效的标志点用绿色数字编号。

标志点匹配成功后，点击"确认当前数据"，如图 5-41 所示，系统会自动存储该次扫描的结果。

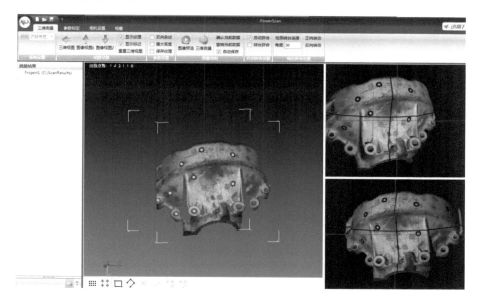

图 5-41 单次扫描结果

2. 连续多次扫描

依据单次扫描步骤，按照一定的规律翻动物体，继续扫描物体其他部分，标志点自动拼接，如图5-42所示，视窗中显示模型自动拼接后的三维效果图。

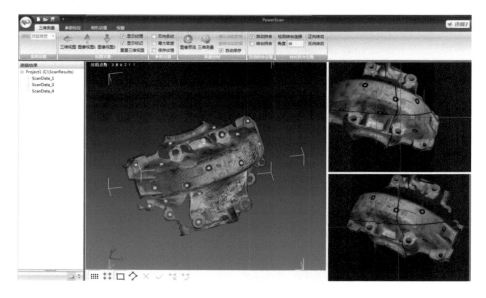

图5-42　多次扫描结果

注意：若在视图中未搜索到匹配标志点，系统会自动放弃所扫描数据，并出现"拼合错误"的提示。此时点击"确认"，即可退回到图片显示界面。

标志点匹配失败，需重新调整物体位置，尽量使此次扫描中的标志点与上次扫描的标志点重合较多。重新点击"扫描"按钮进行扫描，直到扫描成功。

3. 转台扫描

选择转台扫描后，首先要标定转台的中心轴线和测量系统之间的相对位置关系，标定过程如下：

（1）点击"开始系统标定"，选中"标定转台"，在转台上放上标定板，开始标定。

（2）把标定板放在转台上，设定该位置为标定的开始位置，拍摄标定图像，如图5-43所示。

（3）启动转台，转台旋转90°，拍摄第二幅标定图像，如图5-44所示。

（4）转台旋转180°，拍摄第三幅标定图像，如图5-45所示。

（5）转台旋转270°，拍摄第四幅标定图像，如图5-46所示。

（6）4幅标定图像拍摄完成后点击"标定转轴"，获取标定结果。标定完成后将零件放在转台上开始扫描测量，如图5-47所示。

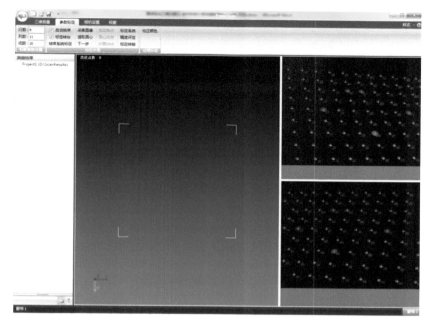

图 5 - 43　转台标定第一个位置窗口显示

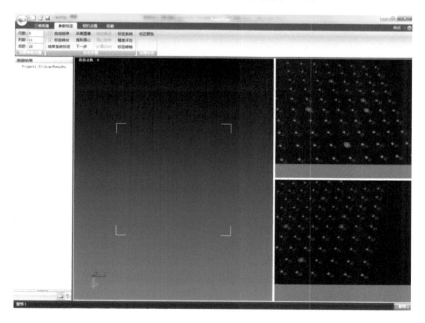

图 5 - 44　转台旋转 90°第二个位置窗口显示

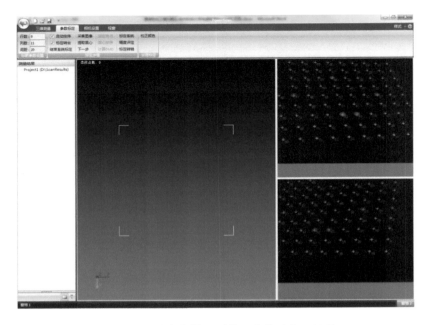

图 5-45　转台旋转 180°第三个位置窗口显示

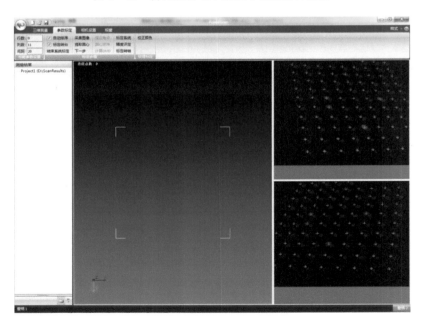

图 5-46　转台旋转 270°第四个位置窗口显示

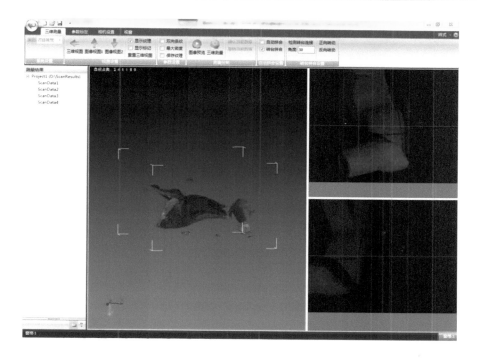

图 5 - 47　转台扫描测量图

5.7　常见问题

本小节对三维扫描仪使用过程中常见的一些问题进行解答。

（1）为什么三维扫描仪拍摄得到的点云会出现周期性条纹？

答：出现这种情况有两个原因：一种可能是周围环境光场不稳定，存在频闪光源（如荧光灯等光源），应将光源移除，建议采用使用说明中的机器布置方式；另一种可能是周围环境存在震动源（如震动较大的机器等），应远离震动源，保持环境安静。

（2）为什么在镜头中可以看见物体，而拍摄得到的点云却有大量缺失？

答：拍摄的样品没有处于标定的工作范围内，应将样品位置通过投影出来的竖直亮线按照软件使用说明进行调整。

（3）为什么在镜头中可以看见物体，而经过拍摄之后却没有获得点云？

答：在不是上一原因引起本问题的前提下，由于采用的投影系统本身的原因，有可能会出现该情况。可将三维扫描仪断电后再次启动，即可解决该问题。

（4）为什么在还未开始拍摄时，镜头中的图像会突然停滞？

答：可能是内存没有完全释放，图像传输在相机与计算机之间形成了堵塞。可以将 USB 信号线重新连接，重启机器，如果还未解决，再重启电脑。

（5）为什么拍摄的精度突然降低了？

答：应该是在使用的过程中不小心发生了较大的碰撞，请将系统做一次标定。

（6）为什么在打开 PowerScan 软件后提示"硬件连接错误请与开发商联系"？

答：说明软件还未检测到相机，注意在打开软件前，应先打开三维扫描仪电源，若仍有如上提示，请按以下步骤操作（见图 5-48 和图 5-49），并重新打开软件。

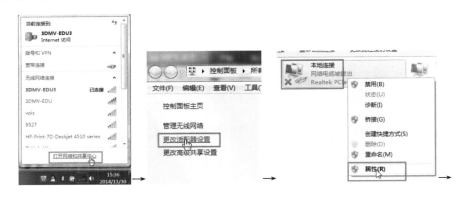

图 5-48　硬件连接错误解决步骤一

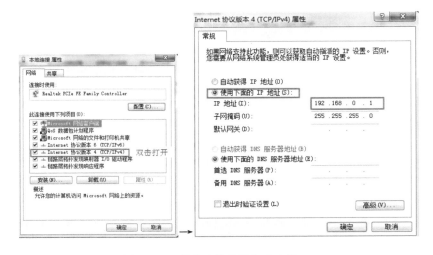

图 5-49　硬件连接错误解决步骤二

本章介绍基于 PowerScan 的模型测量流程。下面以高尔基头像模型和陶瓷骏马模型为例，介绍三维测量过程及数据处理流程。具体的扫描测量流程如图 6-1 所示。

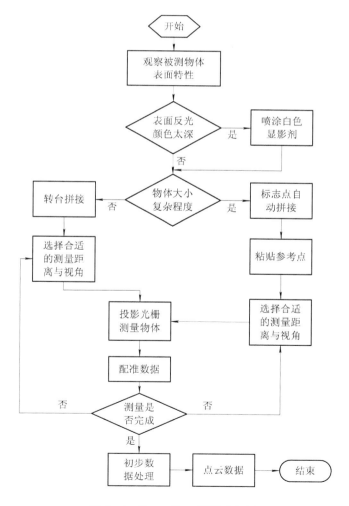

图 6-1　PowerScan 测量流程图

6.1 高尔基头像扫描测量实例

1. 测量过程

观察模型特点，确定基本的测量方法和步骤。

（1）调试设备，标定摄像机，详细过程见第 3 章。

（2）观察被测量物体的特点以及表面材质，如果表面较亮有反光现象，或是过暗有吸光现象，就要在被测量物体的表面喷涂白色显影剂，使得表面具有均匀的漫反射，这样更有利于模型测量，获取更高精度的模型点云数据。高尔基头像的材质具有均匀的漫反射，故不需要在其表面喷涂显影剂，可直接进行测量。

（3）为了能够测量完整的模型点云数据，须向被测量模型粘贴标识点。标识点粘贴注意事项见第 3 章，标志点粘贴效果如图 6-2 所示。

（4）打开测量软件，新建工程，按照自己的要求和习惯命名。这里我们就命名为"高尔基"。

（5）调整摄像机的光圈等参数，设定拼接方式。这里我们设定为自动拼合。

（6）开始测量。在被测物体上投射光栅，效果如图 6-3 所示。

图 6-2 标志点粘贴示意图

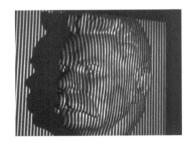

图 6-3 投射光栅效果图

2. 测量结果

按照相关规定，对实物头像共计进行 16 次测量，部分测量结果如下所示。

第 1 次测量结果如图 6-4 所示。

第 2 次测量结果（自动拼接后结果）如图 6-5 所示。

第 3 次测量结果如图 6-6 所示。

第 4 次测量结果如图 6-7 所示。

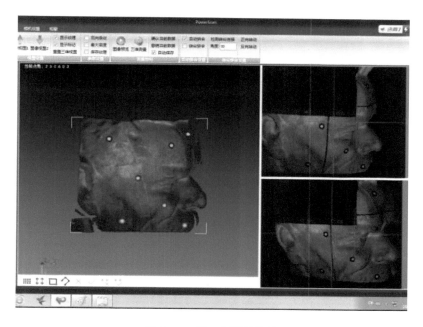

图 6-4　第 1 次测量结果

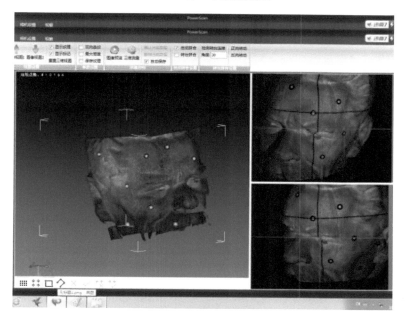

图 6-5　第 2 次测量结果

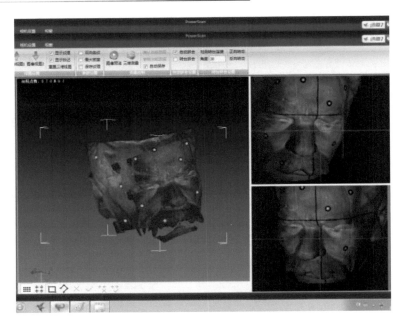

图 6-6　第三次测量结果

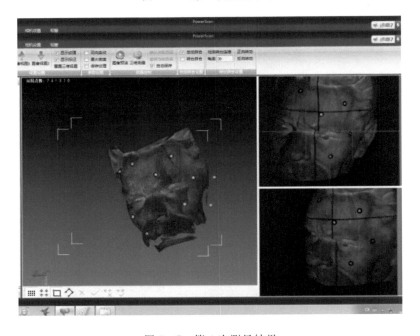

图 6-7　第 4 次测量结果

第 8 次测量结果如图 6-8 所示。

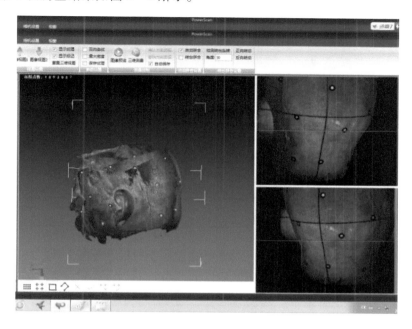

图 6-8　第 8 次测量结果

第 12 次测量结果如图 6-9 所示。

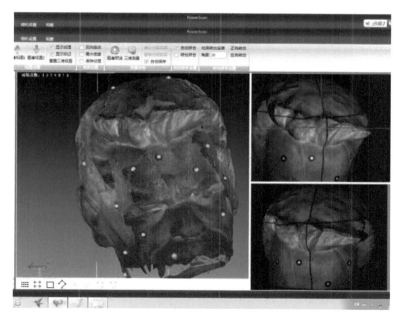

图 6-9　第 12 次测量结果

由于本测量实例中的高尔基头像尺寸较大，形面复杂，采用 Powerscan 自动拼接的方式经过 16 次测量，可获得完整的点云数据，最终测量结果如图 6-10 和图 6-11 所示。

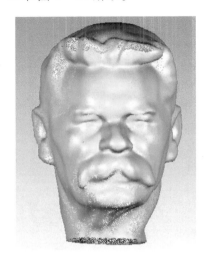

图 6-10　最终测量结果点云图

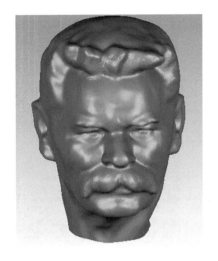

图 6-11　最终测量结果三角网格图

6.2　唐三彩骏马扫描测量实例

在本案的测量中，由于骏马尺寸较小，不适合粘贴标志点，故采用转台拼接结合标志点拼接的方式进行测量。测量步骤如高尔基头像，选择转台拼接模式，标定过程见第 4 章，测量实物如图 6-12 所示。

图 6-12　测量实物图

1. 测量结果

通过转台旋转，从 10 个不同的角度对实物进行测量，结果如下。

第 1 次测量结果如图 6-13 所示。

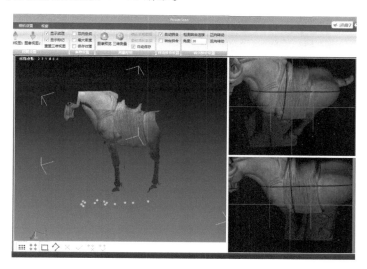

图 6-13　第 1 个角度测量结果

第 2 次测量结果如图 6-14 所示。

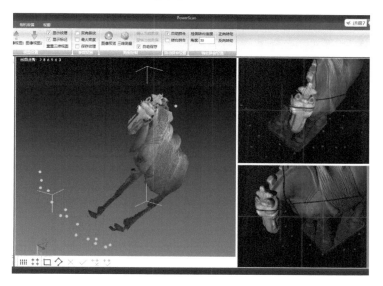

图 6-14　第 2 个角度测量结果

第 3 次测量结果如图 6-15 所示。

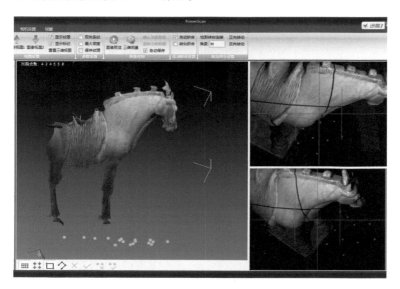

图 6-15　第 3 个角度测量结果

第 6 次测量结果如图 6-16 所示。

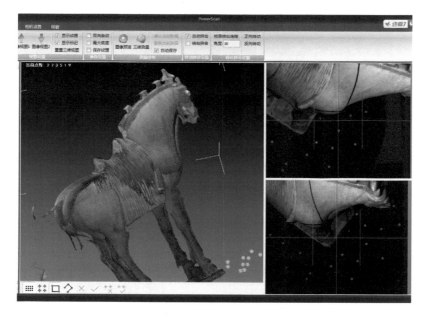

图 6-16　第 6 个角度测量结果

第 10 测量结果如图 6-17 所示。

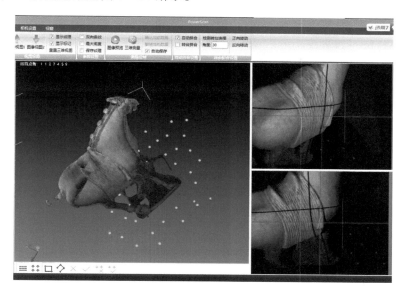

图 6-17　第 10 个角度测量结果

由于骏马的尺寸比较小且曲面复杂，在表面粘贴标志带会影响测量的精度，并会在模型的表面上留下一些标志点形成的空洞，曲面曲率比较大的时候，修补空洞会带来较大的误差。所以，在这里我们采用转台与标志点结合的测量方式来完成模型的测量，即旋转转台 10 次，每次旋转 36°，测量模型的主体数据；再结合标志点拼接，获取在转台旋转时无法测量到的部位的数据，最终获得骏马的完整点云数据模型，测量结果如图 6-18 和图 6-19 所示。

图 6-18　最终测量结果点云图　　　　图 6-19　最终测量结果三角网格图

2. Geomagic Studio 操作流程

本案例中,我们在 Geomagic Studio 中完成了唐三彩骏马的三角网格模型 (stl,3D 打印可以直接用的数据格式)测量,此软件系列具有很大的优势,即功能强大、运算速度快。测量过程主要分成两步:第一步为点云预处理,第二步为三角网格模型处理,流程见图 6-20。第一步的主要作用就是对导入的点云数据进行预处理,将其处理为整齐、有序及可提高建模效率的点云数据;第二步的主要作用就是对多边形网格数据进行表面光顺与优化处理,以获得光顺、完整的三角网格面片,并消除错误的三角网格面片,提高模型重建的质量。

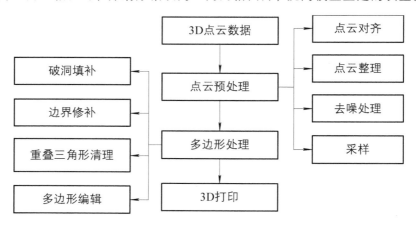

图 6-20 数据处理流程图

3. 数据处理范例

为了让读者更好地了解和应用 Geomagic Studio 软件处理数据,利用 3D 打印设备制造出想要的实物模型,现通过唐三彩骏马模型来讲解完整的数据处理流程,具体如下:

(1)对导入软件的点云数据进行预处理。

(2)对三角网格数据进行处理。

(3)点云预处理阶段的主要命令及操作说明。

下面逐项予以说明。

1)导入点云数据

Geomagic Studio 支持多种数据格式,如 stl、asc、txt、igs 等多种通用格式。单击"文件"→"打开",选择点云文件所在的路径,单击右键选择"点云着色命令",对点云进行着色渲染,以便于更直观地观察,点云数据如图 6-21 所示。

图 6-21　点云着色渲染效果

2）去除噪声点

由于扫描设备的限制及扫描环境的影响，扫描测量的过程中会不可避免的产生噪声点，这可以通过软件中的功能手动将其删除，也可以执行"体外孤点"命令设置参数进行删除，效果如图 6-22 所示。图中红色点为通过套索工具选中的标志点，在这里可以算作噪声点，单击"编辑"→"选择工具"→"套索"，对模型主体外的多余点云进行手动删除。单击"减少噪声"，参数选择"单选棱柱形(积极)"，通过滑动滑块来选择；"平滑等级"，单击"应用"按钮，完成后单击"确定"按钮，噪声点删除后的效果如图 6-23 所示。

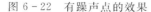

图 6-22　有躁声点的效果　　　　　图 6-23　删除躁声点后的效果

3）数据精简

面结构光测量原理决定了测量产生的点云数量比较庞大，为了提高效率，要对测量得到的点云数据进行精简。本例中点云数量为 2 779 381 个点，为了提高系统的运行效率，在不影响模型细节表现的情况下，对模型进行数据精简。Geomagic Studio 提供了 4 种数据精简模式：曲率精简、等距精简、统一精简和随机精简。其中的曲率精简是根据模型的表面曲率变化进行不均匀采样，即对模型曲率变化较大的地方保留较多的点，以保证模型的原始形状及细节特征；在模型曲率变化较小的地方，保留较少的点。经过 1/4 采样后，点数量变为 67 109 个，效果如图 6-24 所示。

4）封装三角网格

将模型的点云数据以三角网格的形式铺满整个模型，可以在三角网格模型下对模型进行处理。选中所有要封装的点云数据，单击"封装"，封装类型选择"曲面"，降低噪声选择"中间"，我们在上一步中已经对点云数据进行了采样，所以在这一步骤中的"采用"不用选择，"目标三角形"数目一般是点云数目的一半，勾选"保持原始数据"和"删除小组件"，完成后单击"确定"按钮，如图 6-25 所示。

图 6-24　精简后的点云数据

图 6-25　封装后模型

5）三角网格处理

封装成三角网格后，软件系统会自动进入多边形阶段，我们可以在这个模式下对模型的数据进行处理，处理过程主要包括：填充空洞、去除特征、光顺模型、修复相交区域等步骤。

6）填充内外部孔

由于扫描出来的点云数据会有空洞等数据缺失，例如由于在模型表面粘贴了标志点，扫描过后标志点的位置就会留下空洞，为了完整化模型，要对数据上存在的空洞进行修补。

单击"多边形"→"填充孔"，填充方法选择"填充"，并勾选"基于曲率的填充"，移动鼠标选择内部孔的边界，单击鼠标左键，软件自动填充，填充完成后的模型如图 6-26 所示。

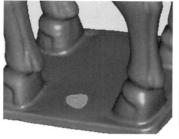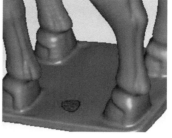

图 6-26 孔洞填充前后效果图

7）去除特征

为了更好地建立模型或对模型进行改进，可去除模型中的部分特征。

用"套索工具"选择特征及周围部分，注意不要选到边界的部分，单击"多边形"→"去除特征"，软件根据曲率对选中的部分进行特征消除，如图 6-27 (a)所示，骏马模型的红圈位置有一个小的疙瘩，按照上述的步骤将之清除掉。去除后的效果如图 6-27(b)所示。

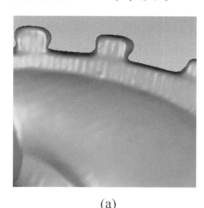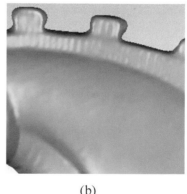

(a)   (b)

图 6-27 特征去除前后效果图

8）模型光顺

利用软件中的"砂纸"对模型表面进行光顺处理可以获得较好的模型表面。

单击"多边形"→"砂纸"，操作选择"松弛"，选择合适的松弛强度，长按鼠标左键在模型表面进行打磨；单击"多边形"→"松弛"，将平滑级别滑动至中间，强度选择"最小值"，勾选"固定边界"，单击"应用"按钮，完成后单击"确定"按钮。

9）删除钉状物，清除及修复相交区域

由于扫描技术的限制，获取到的点云数据通常会存在多余的、错误的或是不准确的点，因此，由这些点构成的三角面片网格也要进行删除或编辑处理，进一步对模型表面进行光顺处理以获得满意的模型。

单击"多边形"→"修复相交区域"，系统显示"没有相交三角形"时表示处理完毕，最终完成效果如图 6-28 所示。

图 6-28　修复完成的三角网格模型效果图

10）输出 stl 数据

将处理完的三角网格模型通过软件另存为 stl 格式数据，以便后续模型增材制造采用，最终模型效果如图 6-29 所示。

图 6-29　最终 stl 模型图

保存成 stl 模型后，就可以进行 3D 打印了。

6.3 OGGI 3D SH 三维扫描系统使用说明

6.3.1 软件界面介绍

OGGI 3D SH 三维扫描系统的软件操作界面如图 6-30 所示。

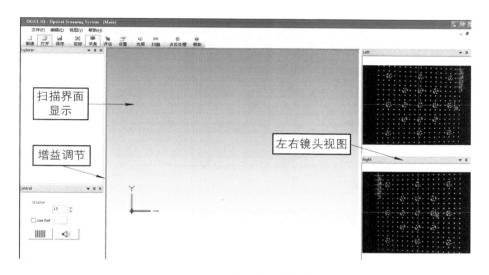

图 6-30 系统的软件操作界面

6.3.2 系统标定

1. 标定原理

利用 OGGI 3D SH 系统软件算法计算出扫描头的所有内外部结构参数,才能正确计算测量点的坐标。

目前,国内普遍使用的是国际最先进的标定板:环形编码标定板。它是一块印有环形编码白色点阵的平板,如图 6-31 所示,它适用于 400 mm × 400 mm 扫描幅面。标定时,标定板按图示方向放置。标定板须保持干净,不能污损,圆点的边界不能缺损。

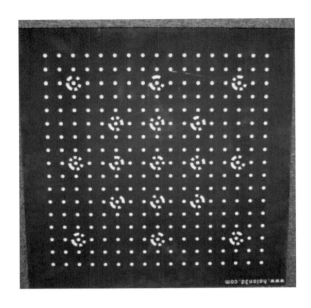

图 6-31　标定板

2. 标定条件

系统在以下情况时，需要进行标定：

(1) 扫描头重新安装后。

(2) 任意一个摄像头镜头调校后。

(3) 怀疑扫描头有变动时。

(4) 测量时，参考点测量不出来。

(5) 室温温差显著变化后(比如超过 10℃)。

3. 标定方法

对于 400 mm×400 mm 及以下的扫描幅面，采用标定板进行标定。标定算法采用平面模板十三步法进行标定。所谓十三步法，就是在系统的标准测量距离下，依次采集 13 个不同方位的模板图像进行标定，其中 400 mm×400 mm 幅面的标准测量距离为 1000 mm。十三步标定法中各步标定板的摆放方位如图 6-32 所示。

4. 系统标定步骤

1) 标定前准备

标定前，必须确认设备安装到位，调好两镜头连线使其保持水平，相机的镜头调好后须紧固(不许任何人员调动)。

Step 1/13：标准距离 0 度

详细：
标准测量距离，中心位置．

Step 2/13：近景深 0 度

详细：
靠近1/3 测量范围，近景深位置．

Step 3/13：远景深 0 度

详细：
远离1/3 测量范围，远景深位置．

Step 4/13：标准距离 0 度

详细：
向上倾斜 40 度，中间位置．

Step 5/13：标准距离 180 度

详细：
向下倾斜 40 度，中间位置．

Step 6/13：左 180 度

详细：
面对左相机，中间位置．

Step 7/13：左 270 度

详细：
面对左相机，中间位置．

Step 8/13：左 0 度

详细：
面对左相机，中间位置．

Step 9/13：左 90 度

详细：
面对左相机，中间位置．

Step 10/13：右 90 度

详细：
面对右相机，中间位置．

Step 11/13：右 180 度

详细：
面对右相机，中间位置．

Step 12/13：右 270 度

详细：
面对右相机，中间位置．

Step 13/13：右 0 度

详细：
面对右相机，中间位置．

图 6-32　十三步标定法位置示意图

标定时要打开投影光栅，投影仪会自动投白光到标定板上。特殊情况下，也可以关掉投影灯，利用自然光来照明。采用投影灯时，投影光线要覆盖所有的白点，即4个角的环形编码点的数字必须在每一步标定识别中显示。打开摄像功能，观察左右摄像头视图区的图像清晰度，左右须相近。如果清晰度不够，可以点击自动增益按钮或手动调节亮度按钮，先使最亮点的图像变成红色，然后再略微减少图像亮度，使红色刚好消失就可以了。

2）标定步骤（以400 mm×400 mm为例）

（1）点击"菜单栏"上的"设置"选项，选择系统适配的标定板幅面，如图6－33所示，手动输入该幅面的标定参数，具体数据见标定板背面。

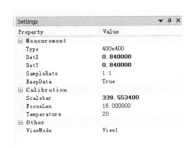

（2）数据设置好之后，通过菜单栏中的"定标"命令进入标定选择界面，标定向导如图6－34所示。页面图像提示了标定板的摆放方法。

图6－33　标定幅面选择

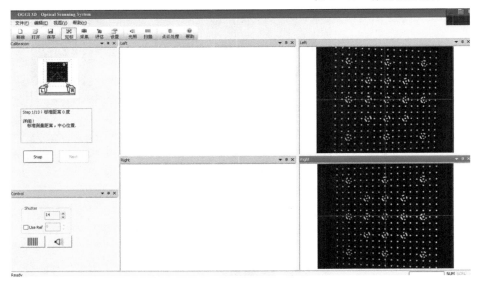

图6－34　标定向导

（3）将投影中心十字对准标定板的中心编码标志点，观察上下摄像头视图区的图像，调节亮度到合适程度，点击"Snap"，不同测量幅面的提示不同，如图6－35所示。

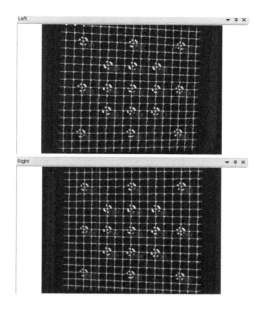

图 6 - 35　编码点识别

（4）点击"Next"，依次完成十三步标定，当最后一步标定完成后，系统会显示如图 6 - 36 所示界面。此时再点击"Finish"，系统会认为本次标定有效，自动进入标定结果的计算，即进入标定完成最后一步，如图 6 - 36 所示。

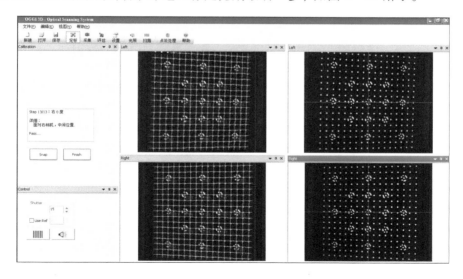

图 6 - 36　标定完成最后一步

（5）点击"Finish"后会出现如图 6-37 所示对话框，此时点击"确定"，此次标定结果将保存到程序中作为系统的当前标定参数，如图 6-37 标定结果。

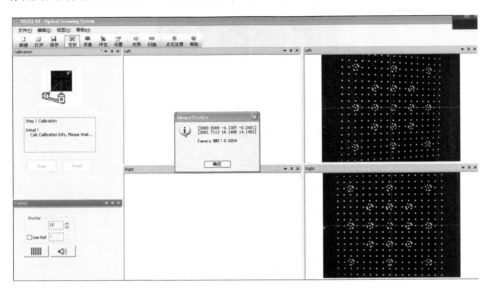

图 6-37　标定结果保存

3）标定结果

标定完成，计算机在数秒内会在屏幕上显示出标定极差。极差越小，表示标定结果越准确，标定小于 0.05 就可以接受。如果标定结果太大，系统会提示标定失败（偏差较大），必须重新进行标定。标定好后就可以进行扫描了。

4）说明

标定过程中有时候会提示"检测失败"，造成此结果的原因有以下几点：

（1）高度不对，不在焦距范围内。

（2）亮度不够，或左右镜头清晰度不相近。

（3）标定板放置位置不对，左右镜头没有都完全看到。

（4）新建文件对应路径的电脑内存不足。

（5）编码板上的编码点未完全识别。

（6）左右相机被调导致增益不一致。

6.3.3　扫描以及后处理

扫描之前，按照图 6-38 箭头所指，新建文件夹，作为扫描保存目录。注意：扫描第一幅图时，物体上一定会出现绿色编号点，以便后续扫描时自动拼接。

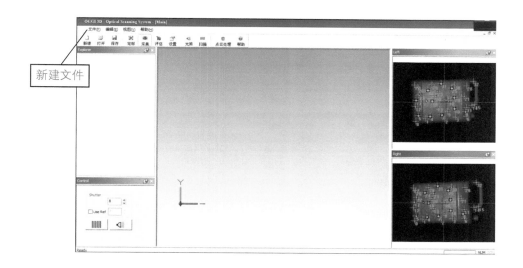

图 6 - 38

完成第一幅图扫描后，如图 6 - 39 所示放置物品，图中绿色点表示已经采集到的标志点，可供下一步自动拼接用；蓝色点表示这一步可以采集到的点，可供下一步扫描自动拼接用。点击扫描，如图 6 - 40 所示。

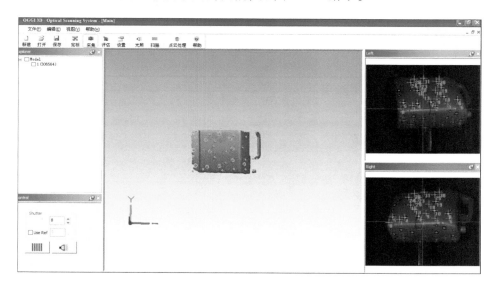

图 6 - 39 绿色点

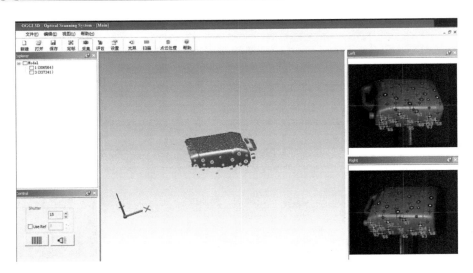

图 6 - 40　蓝色点

　　按照上述思路扫描完成以后，点击菜单栏中的"点云处理"，进入如图 6 - 41 所示的界面。

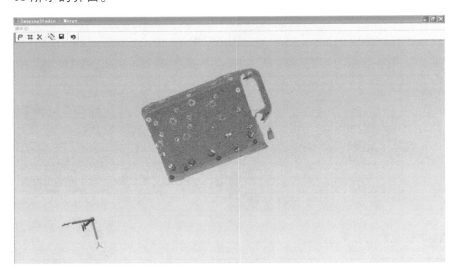

图 6 - 41　点云处理界面

　　然后点击"操作"菜单，依次点击"全局优化"→"点云融合"→"点云平滑"命令，处理完成后，保存点云为 ply 格式，然后导入后续软件进行处理。

　　注意事项：物体表面反光、颜色偏黑、暗、透明都需要喷涂显像剂。

6.3.4　常见故障排除

1. 不能打开 OGGI 3D 测量软件

检查用于系统加密的加密狗是否安装,若无安装,此时 OGGI 3D 软件将在后台运行,通过任务管理器(Ctrl＋Alt＋Delet)可以查看并选择"imagingstudio"关闭,然后重新打开软件即可。

2. 软件无法启动测量头

此时应检查以下项目:

(1) 确认控制盒电源开启,电源开启后电源指示灯亮。

(2) 确认光栅投影电源开启、VGA 连接良好。

(3) 系统的控制线束是否正常连接。

(4) 串口设置是否正确。

3. 投影显示不全

此时应检查以下项目:

(1) 确认投影镜头无遮挡。

(2) 扫描模式参数是否设置正确。

4. 测量扫描的点云质量不佳

此时应检查以下项目:

(1) 现场是否处于强、弱光照,热对流剧烈的环境下。

(2) 测量扫描对象表面是否反光或者为深色(黑色)。

(3) 系统测量时是否在合适的距离,或者投影系统的焦距是否调节在最佳状态。

(4) 测量扫描过程中有无震动。

5. 无法识别标志点

(1) 看扫描时物体的摆放位置及标定方法,标定需与扫描方向相一致。

(2) 请调校检测相关参数后重新标定。

(3) 距离不对。

(4) 亮度不对,太亮或太暗。

(5) 两个相机物体所照图像偏差大。

第7章　3D 技术的发展方向及应用案例分析

7.1　3D 技术的发展方向

本书中的 3D 技术主要指 3D 扫描和 3D 打印技术，下面分别介绍两种技术在未来的发展方向。

7.1.1　3D 扫描技术的发展方向

随着计算机图像技术、光学技术及元器件纳米制造等技术的快速发展，3D 扫描正在向着高精度、低成本、超便携等方向发展。

目前，PrimeSense 的 3D 扫描技术已经被应用在超过 2000 万台的设备上，并且被植入智能手机及平板电脑。今年苹果公司申请了一项独特的激光测绘系统，该技术主要在 iPhone 上使用，该专利使得苹果能够在此基础上开发在 iPhone 上使用的精准 3D 扫描应用。Occipital 公司针对 iPad 开发的三维扫描仪 Structure Sensor，也告诉了我们一个可能，移动端的三维扫描已经变得越来越近，这也是苹果之类的大厂商试图优化的问题——去硬件化的三维扫描。谷歌的 Tango 手机使用了多个摄像头，可以扫描整个房间，通过机械视觉来还原这个三维的世界。从上述公司产品的发展来看，三维扫描仪正向着高精度、低成本、超便携以及集成到智能手机和 iPad 等智能产品上的方向发展。

7.1.2　3D 打印技术的发展方向

随着计算机技术、控制技术、新材料技术、信息技术等地不断发展，这些技术也被广泛地综合应用，以实现智能制造。3D 打印技术作为智能制造的一个重要分支，将会被推向一个更加广阔的发展平台，应用前景也将更加广阔。未来，3D 打印技术主要的发展方向如下。

1. 智能化和便捷化

目前，3D 打印设备在软件功能、后处理、软件设计与生产控制的无缝对接等方面还有许多问题需要解决。例如，成形过程中需要加支撑，成形过程中需要不同材料转换使用，加工后的粉末去除等，都需要软件智能化和自动化程度的进一步提高。随着"个人定制"的兴起，3D 打印技术越来越普遍地被运用于服装、设计、生活和生产当中，用户只有在使用过程中觉得简易上手、技术门槛低、复杂程度低，才能有更好的使用体验，才能更普遍地接受这一技术。而这一系列问题都直接影响到设备的普及和推广，设备智能化、便捷化是走向普及的前提。在工业制造领域，由于 3D 打印金属材料的不断发展，以及金属本身在工业制造中的广泛应用，以激光金属烧结为主要成形技术的 3D 打印设备，将会在未来工业领域的应用中，获得相对较快的发展。设备的智能化、便捷化是这一技术集中应用在产品设计和工具制造环节的重要保证。

2. 通用化

3D 打印是近年来国际技术领域的热点，其输出设备称为 3D 打印机，被作为一个计算机的外部输出设备使用。它可以直接将计算机制图软件中的三维设计图形输出成一个三维彩色实体，在科学教育、工业制造、产品创意、工业美术等方面有广泛的应用前景和巨大的商业价值，这同时要求 3D 打印技术向低成本、高精度、高性能的方向发展。

3. 多元化

目前，3D 打印的材料仍局限于很少一部分，与传统制造业上可用的材料种类相比，3D 打印仍有很大的局限性。但是随着技术的进步，未来适用于 3D 打印的基础材料将会大幅增加，而且会产生多元材料的混合制造，实现复杂物体的制造。3D 打印向着材料多元化方向发展，随着地球资源的枯竭以及环境污染的加剧，新能源取代传统能源的趋势已成必然。3D 打印设备的自身优势为新能源的融合提供了有利支持，可以利用太阳能、风能、核能等新能源为 3D 打印设备提供能源动力，实现制造业的能源换代，实现"绿色、低碳"制造。3D 打印也必然会向多元化融合的方向发展。

7.2 案例分析

7.2.1 工业制造领域

1. 航空航天

航空航天制造技术水平是一个国家高端制造水平的集中体现。全球航空航天工业从广义上可以分为两大领域：商业航空航天和国防航空航天。这两大领域中采用的零部件都是用于安全性至关重要的环境中，使得对这些零部件的检测变得至关重要。商业航空航天部门包括生产大型商用机、支线飞机、轻型飞机(如直升机和商务喷射机)、飞机发动机、零部件和辅助设备、商业卫星以及其他相关产品的公司，以美国的波音公司和欧洲的空中客车公司两大企业领头的全球航空业是其主要的终端客户。国防航空航天领域由生产飞机、发动机、零部件、设备、武器系统和军用卫星的公司组成。该领域的主要大型公司包括洛克希德马丁公司、劳斯莱斯、空中客车公司、马丁贝克公司、诺斯罗普格鲁曼公司、雷神公司、波音公司、通用动力公司和英国宇航系统公司，它们的需求受国防支出驱动。在这些航空航天产品的零部件检测中不允许有任何的错误，对测量检测的要求可以用苛刻来形容，而且对检测效率的要求越来越高。以往多使用接触法进行检测和逆向测量，如三坐标测量机、标准样板等特殊量具。这种方法效率低、成本高，受人为因素影响较大，容易出错，只能检测有限的截面数据，不能实现零部件的全测全检。三维扫描或三维光学测量技术则可以做到无损检测、复杂形面全尺寸测量检测、加工余量智能化检测等，高效便捷。目前各大航空公司都在研究用光学非接触测量法来进行检测，这将大幅地提高检测效率。

Atos 三维扫描仪在涡轮机运转周期分析方面的应用如图 7-1 所示，其在大型自由曲面叶片精密测量方面的应用如图 7-2 所示。

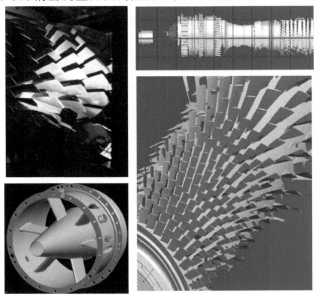

图 7-1　涡轮机运转周期分析

图 7 - 2 大型自由曲面叶片检测应用

上述应用主要用来检测涡轮机磨损及干涉情况，对运转周期进行预测和优化，有效地避免了机器损伤。这是在三维扫描技术出现之前无法解决的难题。该技术的应用，解决了航空航天领域许多的测量难题。

三维扫描技术在大型自由曲面中的检测应用，有效地解决了复杂曲面快速高精测量的难题，如图 7 - 3 所示。

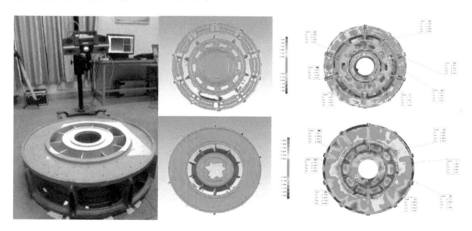

图 7 - 3 大型航空发动机机匣铸件精度检测

2. 汽车制造

我国为汽车消费大国，同时也是竞争最为激烈的市场之一，汽车厂商都面临诸多挑战，想要在市场中胜出，就必须加快新产品研发上市的速度，并在设计上不断创新以获取广大消费者的青睐。当新车型的研发、检测、配件的改装都有足够精确的三维数据做支撑，一切就能事半功倍。相比传统的点测量、线测量的方式，非接触式三维扫描技术明显能够更加适应新的需求。

汽车是一个由数以万计零部件组成的机电混合复杂系统，有曲面复杂的零件，有薄壁件，有覆盖特殊涂层的零件，有柔性配件，有涡轮叶片等，测量效率和品质提升的需求，对测量检测的工具与技术提出了诸多挑战。

面对有些汽车零部件，单纯使用传统的检测方法（如检具、治具、三坐标等）十分的繁琐、耗时，而且不易对柔性配件、涡轮叶片等复杂结构的工件进行准确、快速地测量、检测，软性材料配件在三坐标进行测量时极易发生变形，涡轮叶片死角较多，三坐标探针无法对叶片轮毂进行有效测量。因此，汽配件测量检测往往需要用到多种测量检测方式，其中，非接触的三维扫描仪是不可或缺的重要工具。

三维光学测量技术在汽车制造领域的应用主要有以下几个方面。

1）汽车设计阶段

油泥模型制作阶段：准确获取小比例油泥模型的数据，如曲面、胶带切割线等，让设计人员能够快速构建高质量的 3D 模型，为铣削机制作出高准确度的 1∶1 全尺寸模型提供良好的数据基础，大幅减少模型制作的时间。

油泥模型确定之后，利用三维扫描仪与摄影测量系统组合对大尺寸车身进行测量，能够有效控制整车三维扫描精度，获取高质量的造型点云数据，让设计人员能够快速设计 A 级曲面，轻松对汽车外形和内饰进行模型的构建，如图 7-4 所示。

图 7-4　油泥整车测量

拆解参考样车，对各部分进行扫描，根据数据逆向建模，如图 7-5 所示。

图 7-5　白车身测量

2）零部件品质检测与零部件逆向

三维扫描仪件能够对汽车零部件产品进行精密测量，结合光学触笔的使用，再小的细节也能够轻松进行检测，输出详细的数据报告，保障装配过程的顺利进行。汽车轮毂检测如图 7-6 所示，汽车轮毂的逆向设计过程如图 7-7 所示。

图 7-6　汽车轮毂检测

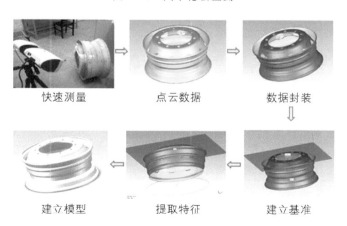

快速测量　　　　　点云数据　　　　　数据封装

建立模型　　　　　提取特征　　　　　建立基准

图 7-7　汽车轮毂逆向设计

3）汽车试验结果分析

光学三维扫描系统能够方便地对测试的结果（如疲劳测试、撞击测试等）进行分析，得到详细的位移、形变等分析报告，然后进行改进设计，有效保证汽车设计质量。车门变形分析如图 7-8 所示。

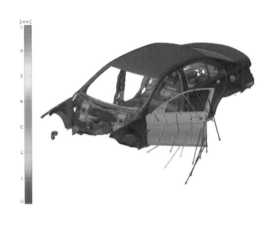

图 7-8　车门的变形分析

利用三维扫描技术可以快速获得高质量点云数据，有效加快 A 级曲面逆向设计的进程；快速、便捷地进行整车三维扫描，有效缩短开发周期；提供准确的形变、位移等误差质量报告，及时掌握详尽的三维检测结果，提高产品质量。

3. 能源装备

能源工业是我国国民经济与国防建设的重要基础和支柱型产业，同时也是涉及多个领域高新技术的集成产业。能源装备包括锅炉、涡轮机、电厂热能、风机、压缩机、内燃机、水力机械以及核能工程等。

能源转化设备往往比较精密，同时体积比较大，难以移动，如一些大型叶片、叶轮、安装架以及一些复杂的曲面结构等。其在测量检测方面存在一些难题，如传统的三坐标、测绘仪对于采集复杂结构面体的海量点云数据有困难，二维的光学照相则会产生数据转化过程中的误差。传统测量手段难以满足日渐提高的标准要求，能源设备的设计制造方面同样有诸多挑战，如效率低、成本高、稳定性不足、一些关键部件需要从国外进口等。

欧美的能源设备制造公司，如通用电气、西门子，无一不在寻求和逐步使用新的测量方式和先进制造技术。如风电制造领域，面对超大的叶片尺寸和严格的尺寸公差要求，先进的非接触式三维扫描设备被广泛采用，图7-9所示为我国大型核电叶片的测量。而美国图希诺能源动力公司(Tushino Power Machine Tools)完成了超大型水电涡轮的失蜡铸造，3D打印出来的蜡模重70 kg，直径150 cm，且内部呈蜂窝状结构，最终铸造出来的成品重达1990 kg。相比传统分叶片铸造或CNC的方式，3D打印＋失蜡铸造的方式更加高效、成本更低、涡轮的整体品质更好。

 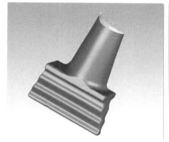 

图7-9 核电叶片的测量

4. 模具设计与铸造

模具，即工业生产上用以注塑、吹塑、挤出、压铸或锻压成形、冶炼、冲压等方法得到所需产品的各种模子和工具，素有"工业之母"的称号。大到飞机、汽车，小到茶杯、钉子，几乎所有的工业产品都必须依靠模具成形。

模具本身又是由不同的零件构成的。模具设计与制造工艺很大程度上决定着模具的品质，进而影响到模具生产的最终产品的品质。模具设计制作的要求就是：尺寸精确、表面光洁，结构合理、生产效率高、易于自动化，制造容易、寿命高、成本低，设计符合工艺需要，经济合理。对于塑料模和压铸模，还需要考虑合理的浇注系统、熔融塑料或金属流动状态、进入型腔的位置与方向，即做好流道系统设计。

模具的制造与开发包括了诸如制造、验证、试模以及修模等过程，像三维扫描这样一种方便、快速、精确的测量系统是必需的，而3D打印在模具设计制造领域的重要性不言而喻。不仅体现在产品手板打样方面，还体现在金属模具的直接3D打印上。三维扫描在模具设计中的应用如图7-10所示。

图 7 - 10　大型飞机零部件精密铸造用蜡模检测

5. 电子电器

电子电器是人们生活的必需品，常见的如：空调、液晶电视、冰箱、洗衣机、音响、吸尘器、电风扇、暖风机、电热壶、咖啡壶、电饭煲、榨汁机、搅拌器、微波炉、烤箱、面包机、碎纸机、手机、各种小家电等。这些产品为了赢得消费者的青睐，普遍追求外观的时尚和性能的稳定，厂商想要在竞争激烈的市场中获取利润，就必须不断推出更优、更好的新产品，更新换代的速度正逐年提高。

比如日用小家电产品，普遍偏重于曲面造型变化，如果在设计时直接使用电脑三维绘图，总是事倍功半，即使建立起了模型，其后续修改性也很差；如果反其道而行之，通过逆向工程技术(俗称抄数)进行三维测绘获得三维造型数据，然后使用逆向设计软件进行 CAD 制图，并进而完成改型设计，形成的三维模型数据就可以用于手板模型制作，可以极大地提高设计效率。

另外，电子类产品的特点是小、薄、软，薄壁件比较多，传统的接触式测量方法往往不适用。

而且在产品的设计过程中，设计的可视化非常重要，是设计沟通和设计改进的基石。采用 3D 打印技术快速制作设计的实物模型，相比平面的 2D 模型或电脑中虚拟的 3D 模型，直观的手板模型能够体现更多的设计细节，更加直观可靠。据了解，松下使用 3D 打印机将模具的制作时间缩短了一半，成本也大大缩减，从而降低了树脂产品的生产成本。三维扫描技术的应用如图 7 - 11 所示。

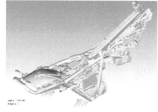

图 7-11 摩托车及其零部件测量

7.2.2 民用生活领域

1. 制鞋业

浙江是日用消费品生产大省，据浙江省统计局公布的数据显示，2013 年全省社会消费品零售总额为 15 138 亿元，比上年增长 11.8%。从消费类别看，金银珠宝类消费增长较快，食品饮料烟酒类、服装鞋帽针纺织品类和居住类消费平稳增长。而浙江省消费品厂商能一直处于国内领先地位，很大一个原因就是浙商敏锐的市场信息捕捉能力以及对新技术的关注和应用。

单个产品利润微薄是服饰类产品的特点，原先凭借低成本的要素供给、庞大的国内外市场需求，企业还是可以在大批量销售的情况下生存下去的。但是，随着劳动力成本的上升、原材料采购价格的上涨、外贸市场的萎缩，企业利润已经被压缩到极限甚至出现了亏本，这也从另外一个角度说明了加快新技术引进和创新的重要性。

随着机器人、3D 打印、三维光学测量、智慧管理等的发展，浙江企业在行动，开始引领服饰行业新的变革。在国外，Nike 与 Adidas 都已经开始尝试把3D 打印带进产品制造中。Nike 推出了为美国橄榄球运动员设计的蒸气激光爪(Vapor Laser Talon Boot)运动鞋的鞋底就是用 3D 打印完成的，能提升运动员的冲刺能力。Adidas 的相关负责人说传统鞋的模型需要 12 个手工工人，在 4～6 个星期内完成，而在引入 3D 打印技术之后，只需要两个人就可以在 1～2 天内完成，如图 7-12 所示。

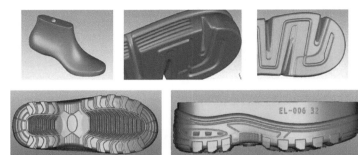

图 7 - 12   鞋模型

2. 服装定制

自 18 世纪以来，服装裁缝们的工作就分为两种，制作成衣和量体定制，无论男装、女装均是如此。即使在今天，许多制衣工艺，尤其是定制服装，仍然保持着传统状态，裁缝们使用卷尺量取顾客的身形数据，然后在此基础上制作服装。然而在香港，一家制衣公司却将最新的 3D 技术融入到了他们的工艺当中。

这家公司名叫 Gay Giano。该公司最近开发了一套 3D 扫描系统，并通过该系统获取顾客的详细外形数据，然后在此基础上为其定制西装。该公司还为这项业务起了一个专门的名称"三维西装"，并宣称自己是香港第一家使用 3D 扫描技术的定制西服店。

该公司在其定制西装过程中使用的 3D 扫描技术包括在其更衣室里装配了 14 个红外线感应器，客户被要求只穿贴身内衣进入其中，只需进行不到 30 s 的扫描，即可获取顾客体型的 120 个测量数据。相比之下，传统裁缝们的做法(用皮尺进行测量)一般最多只能收集大约 25 个数据。在 3D 扫描过程完成后，这些测量结果被发送到一个 APP 里，仅通过平板电脑，裁缝们就可以轻松地可视化其客户的身体，如图 7 - 13 所示。

图 7 - 13   客户形体扫描

3. 玩具设计制造

据统计，全球市场上的玩具（中国大陆除外）超过 2/3 的产品来自中国，中国是玩具制造大国。然而，我们很多玩具厂商还在使用传统的玩具制造方式，大致的流程是这样的：构思→手工画平面图→电脑软件画三维图→试制玩具的零部件→组装验证→返工→再验证，经过反复几次后，设计最终完成，然后又是开模、试生产等一整套繁琐的流程。而实践证明，这样的设计流程会造成人力、物力的极大浪费。

数字化是如今制造行业的大背景，玩具设计也已经向数字化、智能化方向发展，传统设计制造方式难以满足不断变化的市场需求。通过三维光学扫描测量技术对玩具进行逆向设计和质量检测是大势所趋。采用三维扫描仪获取玩具高精度的三维表面点云数据，再进行逆向设计制造，使得玩具设计变得简单而规范，新品推出的时间能缩短为原来的 $1/5 \sim 1/10$。

4. 3D 照相

2012 年年底，一则"全球首家 3D 照相馆在日本建立"的新闻被电视、网络等媒体广泛报道，一时间 3D 照相馆以其个性化、真实、有趣的立体记录展示效果一下子受到了民众的热切关注。随着民众想体验 3D 照相的热度增加，纷纷想尝试制作一个缩小版的自己，许多敏锐的投资者看到了 3D 照相馆广阔的市场前景与商机，希望能够建立起时下新潮的 3D 照相馆进行运营。

全国结婚产业调查统计中心于 2012 年 3 月发布的《中国结婚产业发展调查报告》中统计：在新婚消费方面，88.4％的新人需要拍摄婚纱照。全国每对新人的消费结构中影楼婚纱照平均消费为 3526 元，与国外消费相比仍属较小，增长空间较大。而传统的艺术婚纱照千篇一律，已经很大程度上不能适应广大年轻人的审美乐趣，3D 婚纱照成为新宠。

不仅仅 3D 婚纱照，3D 旅游照、3D 家庭照、3D 亲子照等市场的需求同样旺盛，有巨大的潜力可供挖掘。

7.2.3 生物医学领域

1. 数字齿科

数字齿科是指借助计算机技术和设备辅助诊断、治疗、信息追溯等。三维扫描和 3D 打印等数字化技术使得我们的生活日新月异，其在牙科领域的卓越表现让我们能高效地解决各类口腔适应症问题。其中 CAD/CAM 技术，即计算机辅助设计与计算机辅助加工是较为广泛应用于齿科修复中的数字齿科技术的一种。通过三维扫描、CAD/CAM 设计和 3D 打印，牙科实验室可以准确、快速、高效地生产牙冠、牙桥、石膏模型和种植导板等。口腔修复体的设计与制作目前在临床上仍以手工为主，效率较低，数字化齿科则为我们展示了广阔的发展空间。数字化的技术解除了人们手工作业的繁重负担，同时又消除了手工建模导致的精确度及效率的瓶颈。数字化齿科对口腔问题的临床解决方案如图 7 - 14 所示。

通过 3D 扫描获得的数字化模型有非常高的精确性。3D 扫描获取数字化模型与传统流程相比，可以准确预测临床结果，提供更好的口腔护理，为患者带来更佳的体验，提高工作效率，并实现了模型保存的数字化。能够灵活应用的开放式 stl(三维) 文件，可以与其他系统(包括诊疗椅边切削系统和技工室切削系统)的对接，牙医和义齿加工中心或其他合作方能够选择最佳的解决方案，实现所期望的临床治疗效果，如图 7 - 14 所示。

图 7 - 14　口腔问题临床治疗解决方案(来自先临科技有限公司网站)

2. 骨科手术

骨科手术的种类繁多，有正畸、修复、移植、接续等，涉及人体多数部位。应用在骨科手术中的三维数字技术一般有两种：一种是体外三维扫描后获取需要的人体 3D 数据；一种是 CT 扫描后通过软件进行人体结构的三维重建，从而得到需要的 3D 数据。

3D 打印在医学领域的应用在逐步铺开和深入，对人体各部位的复制是高度定制化产品生产的前提。通过 3D 打印，定制的这些部件可以与身体完全契合，与身体融为一体。其中表现在骨科方面主要是个性化永久植入物，一般使用钛合金、钴铬钼合金、生物陶瓷和高分子聚合物等材料，3D 打印出骨骼、软骨、关节、牙齿等产品，通过手术植入人体，如图 7 - 15 所示。

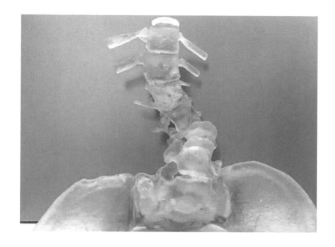

图 7 - 15　3D打印脊柱骨骼

7.2.4　文化创意领域

1. 文物保护

所有历史文物和遗迹都是前人智慧的结晶，然而由于文物本身的脆弱性，随着时间的流逝，都经受着不同程度的破坏和损害。如何对历史文物进行有效的保护、修复、重建、研究以及传播，是摆在所有文博工作者面前的现实问题。

文物保护技术也一直在与时俱进，涉及诸多物理、化学、材料等学科知识，很多高等院校开设有专门的学科进行此领域人才的系统培养，而目前最受关注的文物保护技术，无疑是三维数字化技术和3D打印技术。

三维数字化技术和3D打印技术除了应用于常规性文物保护，还可以为博物馆提供文物衍生品开发服务和大尺寸文物等比例异地重建服务。这种可以把科技与创意加以融合的新技术，正在悄然改变着传统的文博领域和文化产业，如图 7 - 16 和图 7 - 17 所示。

图 7 - 16　文物衍生品开发

| 实物 | 三维点云 | 三维模型 | 虚拟数字博物馆 |

图 7 - 17　虚拟数字博物馆构建

2. 艺术品开发

随着人们生活水平的提高，消费结构升级、收藏热升温，艺术品需求量越来越大，市场前景更加广阔。但长期以来，我国艺术品开发和销售存在专业人才缺乏、艺术品定位不准、特色不明显等弊端，艺术品创不了品牌，成不了规模，出不了效益。

三维扫描技术的出现，让艺术品能快速实现数字化，从而可以与各种数字化制造方式相结合，转向大批量生产，实现数量上的几何级增长。

3D 打印则带给了艺术家充足的想象空间和更大的创作自由，国内外已经很多的设计师正在运用 3D 打印来创作全新的原创作品，尤其是生活艺术品类，如漂亮的灯具、艺术家具摆件等。如图 7 - 18 和图 7 - 19 所示。

图 7 - 18　艺术家具摆件一

图 7 - 19　艺术家具摆件二

参考文献

[1] http://baike.baidu.com/.

[2] http://wenku.baidu.com/.

[3] 孙劼. 3D 打印机/AutoCAD/UG/Creo/Solidworks 产品模型制作完全自学教程. 北京：人民邮电出版社，2015.

[4] 吴怀宇. 3D 打印：三维智能数字化创造. 北京：电子工业出版社，2015.

[5] 成思源，杨雪荣. Geomagic Design Direct 逆向设计技术及应用. 北京：清华大学出版社，2015.

[6] http://www.shining3d.com/.

[7] http://news.hxsd.com/s/201309/681223.html.

[8] 张广军. 机器视觉. 北京：科学出版社，2005.

[9] 柯映林. 反求工程 CAD 建模理论方法和系统. 北京：机械工业出版社，2006.

[10] 李江雄，柯映林. 基于特征的复杂曲面反求建模技术研究. 机械工程学报，2000，36(005)：18－22.

[11] 柯映林，肖尧先. 反求工程 CAD 建模技术研究. 计算机辅助设计与图形学学报，2001，13(006)：570－575.

[12] 叶声华，邾继贵. 视觉检测技术及应用. 中国工程科学，1999，1(1)：49－52.

[13] 段发阶. 计算机视觉检测基础理论及应用技术研究[D]. 博士论文. 天津大学，1994.

[14] 段峰，王耀南，雷晓峰，等. 机器视觉技术及其应用综述. 自动化博览，2002，3：59－62.

[15] 孙双花. 视觉测量关键技术及在自动检测中的应用[D]. 博士学位论文. 天津大学，2007.

[16] 李江雄. 反求工程中的曲面建模技术及相关软件（模块）分析. 计算机辅助设计与制造，1999，(10)：14－16.

[17] 俞芙芳，王志鑫. 基于三坐标测量的产品自由曲面反求. 工程塑料应用，2005，33(5)：52－55.

[18] 管永刚. 基于 Geomagic Studio 的逆向工程数据处理技巧. 科技创新导报，2012，(33)：73－73.

[19] 高晓芳. 基于 Geomagic 的复杂曲面的反求设计及 NC 仿真加工. 现代制造技术与装备, 2010, (002): 58 - 59.

[20] 王伟, 孙文磊. 汽车整车外形曲面逆向反求的研究. 机床与液压, 2010, 38(021): 124 - 126.

[21] 张畅, 张祥林. 快速造型技术中的反求工程. 中国机械工程, 1997, 8(005): 60 - 62.

[22] 陈志杨, 李江雄. 反求工程中的曲面重构技术. 汽车工程, 2000, 22(6): 365 - 367.

[23] 成思源, 刘俊, 张湘伟. 基于手持式激光扫描的反求设计实验. 实验室研究与探索, 2011, 30(8): 153 - 155.

[24] 陈飞, 李新华, 易春峰. 自由曲面反求技术及其 CAD/CAM 一体化实现. 机床与液压, 2010, (001): 104 - 106.

[25] 李西兵, 范彦斌. 计算机图像处理技术在基于非接触测量反求建模中的应用. 佛山科学技术学院学报: 自然科学版, 2002, 20(3): 14 - 18.

[26] 陈君梅, 邓学雄, 周敏. 基于 UG 软件的反求数据处理. 工程图学学报, 2005, 26(4): 24 - 30.

[27] 李中伟. 基于数字光栅投影的结构光三维测量技术与系统研究[D]. 博士学位论文, 华中科技大学, 2009.

[28] http://www.autodesk.com.cn/products/3ds-max/features/all/gallery-view.